Anna Warga-Hosseini

Kündigen ist auch keine Lösung

ANNA WARGA-HOSSEINI

KÜNDIGEN IST AUCH KEINE LÖSUNG

Wie du Arbeit loswirst, die dir nicht guttut … ohne deinen Job hinzuschmeißen!

GOLDEGG

Covergestaltung: Danni Wiebelhaus, danniwiebelhaus.de
Idee: Georg Warga, https://www.gdstn.com
Comic: Anna Warga-Hosseini

Disclaimer

Der Inhalt dieses Buches ersetzt in keiner Weise eine Therapie oder ärztliche Behandlung. Bei anhaltenden gesundheitlichen Beschwerden sollte stets ein Arzt aufgesucht werden.

ISBN: 978-3-99060-427-4

Unter den Linden 21 • D-10117 Berlin
Telefon: +49 800 505 43 76-0

Goldegg Verlag GmbH, Österreich
Mommsengasse 4/2 • A-1040 Wien
Telefon: +43 1 505 43 76-0

E-Mail: office@goldegg-verlag.com
www.goldegg-verlag.com

Layout, Satz und Herstellung: Goldegg Verlag GmbH, Wien
Printed in the EU

Inhaltsverzeichnis

Bist du neu hier?
Ja, heute ist mein erster Arbeitstag.
Bei mir ist es der letzte.
Wo gehst du denn hin?
Zu der Firma gegenüber.
Da komme ich gerade her. Die sind dort nicht ganz dicht.
Na, dann brauchst du dich bei uns wenigstens nicht umzugewöhnen.

PROLOG

Was hatte sie sich nur dabei gedacht, als sie sich sagte: »Einfach Job wechseln, und alles wird gut.« Sie seufzte und schaute aus dem Fenster, während sich der Tag langsam dem Ende zuneigte. »Ich kann mich nicht erinnern, wann ich das letzte Mal pünktlich in den Feierabend gegangen bin«, dachte sie. Sie fühlte sich erschöpft und am Ende ihrer Kräfte, und das, obwohl sie erst seit einem halben Jahr im Unternehmen war. »Wie geht es nun weiter?«, fragte sie sich. »Ist es an der Zeit, wieder einen neuen Job zu suchen?« Doch rasch verwarf sie diesen Gedanken, schließlich konnte sie nicht schon wieder kündigen.

Damals, als sie sich entschieden hatte, ihren alten Job aufzugeben, erschien ihr alles logisch und schlüssig. Denn dort musste sie seit geraumer Zeit die Arbeit von zwei erledigen. Doch trotz dieser enormen Leistung hatte sie von niemandem auch nur ein einziges »Danke« gehört. Als sie darum bat, einige ihrer Aufgaben abgeben zu dürfen, erhielt sie die frustrierende Antwort: »Wir finden einfach niemanden mehr, der die Arbeit übernehmen kann.« Angesichts ihrer Überlastung und Unzufriedenheit beschloss sie zu gehen, sobald sie einen neuen Job finden würde. Schließlich erfuhr sie von einem Unternehmen, das eine faszinierende Stelle mit der Option auf uneingeschränktes Homeoffice und flexible Arbeitszeiten inklusive der Möglichkeit einer Vier-Tage-Woche ausschrieb. Besser hätte sie es sich nicht erträumen können, und sie freute sich deshalb umso mehr, als sie die Jobzusage erhielt. Zunächst lief alles reibungslos, aber nach einigen Wochen stellte sich heraus, dass auch hier derselbe Personalengpass herrschte. Also fand sie sich erneut im Überlastungschaos wieder. Zu viel Arbeit, zu wenig Personal, zu wenig Wertschätzung. Also die gleiche Situation wie vorher. Und das Ironische daran war, dass die Geschäftsleitung verlauten ließ, die Vier-Tage-Woche sei nicht länger umsetzbar und werde deshalb eingestellt. Auch das Homeoffice wurde begrenzt – plötzlich durfte man nur noch maximal einen Tag pro Woche von zu Hause aus arbeiten.

Diese Geschichte ist bei Weitem kein Einzelfall. Immer mehr Menschen geben aufgrund von Überlastung auf und setzen große Hoffnungen in ein neues Unternehmen, werden jedoch letztlich erneut enttäuscht. Denn je nach Branche ist ein Mangel an Personal oder Fachkräften keine Seltenheit, sondern betrifft viele Unternehmen. Es kann also sein, dass man nach einer Kündigung in ein Unternehmen wechselt, wo der Stresspegel nicht wesentlich niedriger ist, manchmal sogar höher als zuvor. Zwar besteht in der heutigen Arbeitswelt die Möglichkeit, sein Glück immer wieder in anderen Unternehmen zu versuchen, doch stellt sich die Frage, ob sich das tatsächlich lohnt und zu einer Entlastung führt. Auch wenn man heute hier und morgen dort arbeitet, wird man letztendlich feststellen, dass die Ressourcen überall knapp sind.

Kündigen ist auch keine Lösung

Warum habe ich dieses Buch mit dem Titel »Kündigen ist auch keine Lösung« geschrieben? Als Arbeitspsychologin beobachte ich seit einiger Zeit ein häufig auftretendes Denkmuster: Entweder bleibe ich in meinem aktuellen Job und quäle mich, oder ich kündige und finde endlich das Glück. Es ist dieses Schwarz-Weiß-Denken, das zahlreiche Menschen dazu treibt, ihren Job aufzugeben und im neuen Unternehmen nach einem besseren Morgen zu suchen. Doch das

Paradoxon offenbart sich, wenn der Neuanfang die alten Probleme mit sich bringt – Chaos, Personalmangel und fehlende Wertschätzung, wie ich bereits beschrieben habe. Dieser Kreislauf an Enttäuschungen wirft die Frage auf: Was unternimmt man in einem solchen Fall? Wie geht man vor, wenn man von Unternehmen zu Unternehmen wandert und niemals wirklich Zufriedenheit findet?

Wenn du dir hundertprozentig sicher bist, dass die Kündigung dein Weg ist, dann ist dieses Buch nichts für dich. Aber wenn du frustriert bist, weil du immer wieder Stress, Ärger und Überlastung erlebst, dann bist du hier genau richtig. Ich habe dieses Buch für diejenigen geschrieben, die sich ernsthaft fragen, ob es heutzutage überhaupt noch möglich ist, entspannt in einem Unternehmen zu arbeiten, ohne die ständige Sorge vor einem drohenden Burn-out.

Außerdem ist es für die, die schon jahrelang versuchen, ihre Work-Life-Balance endlich in den Griff zu bekommen, bisher damit jedoch nicht erfolgreich waren. Oder für diejenigen, die überhaupt nicht kündigen wollen und stattdessen nach einem einfachen Weg suchen, sich von Arbeit zu befreien, die ihnen nicht guttut.

Mein Anliegen ist es also, eine dritte, neue Perspektive aufzuzeigen, die dem vorhin beschriebenen Schwarz-Weiß-Denken widerspricht. Es gibt nicht nur die Alternative, unglücklich und gestresst im Job zu verweilen oder das Unternehmen zu verlassen. Die dritte Perspektive wird deinen Blick erweitern und dir Möglichkeiten aufzeigen, wie du im Beruf aktiv Selbstfürsorge praktizieren kannst. Vor diesem Hintergrund habe ich in diesem Buch die zentralen Themen zusammengefasst, die Mitarbeiter am Arbeitsplatz regelmäßig belasten. Passend dazu habe ich eine Toolbox entwickelt, die ausgeklügelte Methoden enthält, um Belastungen abzubauen und Einfluss auf Vorgesetzte oder Kollegen zu nehmen.

DIE AKTUELLE SITUATION AM ARBEITSMARKT

In den letzten Jahren ist der Personal- und Fachkräftemangel zu einem ernsthaften Problem für viele Unternehmen geworden. Auffallend ist, dass heutzutage nicht mehr nur von einer Fachkräftelücke gesprochen wird, sondern von einem generellen Mangel an Arbeitskräften. Selbst bei gestiegener Arbeitslosigkeit aufgrund eines Konjunkturabschwungs im Jahr der Veröffentlichung dieses Buches scheint sich die Lage bezüglich Personal- und Fachkräftemangel nicht zu entspannen. Im Gegenteil, Prognosen des Institutes der deutschen Wirtschaft (IW) zeigen, dass sich das Problem aufgrund der alternden Gesellschaft und bevorstehender Pensionierungswellen in den kommenden Jahrzehnten sogar weiter verschärfen wird. Im Jahr 2023 waren in Deutschland fast zwei Millionen Stellen offen,[1] und bis 2030 könnten diese Berechnungen zufolge auf fünf Millionen ansteigen.[2] Auch in Österreich ist die Lage besorgniserregend, wenngleich die absoluten Zahlen im Vergleich zu Deutschland geringer ausfallen. Dennoch zeigt sich im Verhältnis ein ähnliches Muster. Im Jahr 2023 gab es knapp über 200.000 offene Stellen,[3] doch bis zum Jahr 2040 wird diese Zahl auf fast 600.000 ansteigen,[4] wie Daten der Wirtschaftskammer Österreich zeigen. Aufgrund der fachspezifischen Anforderungen können diese Positionen nicht mit arbeitssuchenden Personen besetzt werden. Somit erweitert sich die Liste der Mangelberufe, die vom Wirtschaftsministerium festgelegt wird, Jahr für Jahr. 2023 belief sich die Anzahl bundesweit auf 100 Berufe,[5] während sie 2024 auf 110 angestiegen ist.[6] Diese Liste umfasst Berufe, in denen innerhalb eines Jahres weniger als 1,5 arbeitssuchende Personen auf eine offene Stelle entfielen.

Die Personalknappheit führt nicht nur zu einer Herausforderung für den Arbeitgeber, sondern hat auch weitreichende Auswirkungen auf die psychische Gesundheit der Beschäftigten.

Denn wenn immer mehr Abteilungen unterbesetzt sind, bedeutet das für die verbliebenen Fachkräfte, dass sie das Fehlen ihrer Kollegen ausgleichen müssen. Demzufolge fühlen sich immer mehr Menschen überfordert und kämpfen mit den unterschiedlichsten Stresssymptomen, die auf eine Überlastung zurückzuführen sind.

In den meisten Unternehmen wird betont, dass man bereits aktiv auf der Suche nach neuen Mitarbeitern ist und alle erforderlichen Maßnahmen ergriffen werden. Das ändert jedoch nichts daran, dass sich die Suche nach neuen Mitarbeitern als äußerst schwierig erweist. In den wenigsten Fällen ist Erfolg bei der Personalsuche garantiert, und selbst wenn eine neue Arbeitskraft gefunden wird, ist nicht sicher, dass diese eine tatsächliche Unterstützung darstellt und bestehende Fachkräfte erfolgreich entlastet. Aufgrund des Personalmangels leistet eine Vielzahl an Beschäftigten Überstunden oder übernimmt Vertretungsdienste. Vorübergehende Mehrarbeit wird häufig zur Normalität, und der Arbeitsalltag erscheint immer schwerer zu bewältigen. Obwohl man sich bewusst ist, dass der Arbeitgeber nichts für den Fachkräftemangel kann, entstehen dennoch Frustration und Überlastung. Das Problem des Personalmangels bleibt meistens an den Beschäftigten hängen, da diese die Knappheit an Fachkräften ausgleichen müssen. Es ist für viele nicht bewältigbar, dauerhaft die Aufgaben anderer zu übernehmen und permanent mit einer hohen Arbeitsbelastung konfrontiert zu sein. Ohne ausreichende Ressourcen und Unterstützung fühlt man sich alleingelassen. Wird der Leidensdruck zu groß, fühlen sich viele Menschen gefangen und geben schließlich auf.

Ich möchte an dieser Stelle betonen, dass es auch dann zu einer hohen Arbeitsbelastung kommen kann, wenn in einer Branche kein Personalmangel herrscht. Ein Fachkräftemangel ist daher nicht zwangsläufig die Voraussetzung für eine hohe Arbeitslast. Denn ein Unternehmen kann einen Personalmangel auch künstlich herbeiführen. Manche Unternehmen entscheiden sich bewusst für einen knappen Personalstand, einige davon tun dies aus Einsparungsgründen. Ihre Strategie ist es, die vorhandenen Mitarbeiter so effizient wie möglich einzusetzen. Da ein höherer Personalschlüssel schnell zusätzliche Kosten verursachen kann, möchten viele lieber mit einer geringeren Anzahl an Mitarbeitern arbeiten. Zudem können kurzfristige Auftrags- und Kapazitätsschwankungen dazu führen, dass Mehrarbeit anfällt. In einigen Unternehmen trifft dies nur vorübergehend zu, weshalb sie in dieser Zeit keine neuen Mitarbeiter einstellen möchten. Auch wenn im Unternehmen keine Stellen ausgeschrieben sind, kann es also zu einer Überlastung der Belegschaft kommen. Aus diesem Grund kündigen immer mehr Personen auch in Branchen, die nicht unmittelbar vom Fachkräftemangel betroffen sind.

Leichter Jobeinstieg

Die Kündigungsbereitschaft der Beschäftigten resultiert nicht ausschließlich aus einem Personalmangel, der zu

Überlastung führt. Häufig kommen auch andere Faktoren hinzu, wie mangelnde Wertschätzung, Unzufriedenheit mit der Arbeits- und Teamkultur oder den Vorgesetzten.[7] Auch das Gehalt kann eine Rolle spielen, wenn es um die Entscheidung zur Kündigung geht. Da es heutzutage leichter ist, einen neuen Job zu finden, sinkt zudem die Hemmschwelle, den Arbeitsplatz zu wechseln. Denn aufgrund des Fachkräftemangels wird Personal dringend gesucht, und es dauert nicht lange, bis man einen neuen Job in der Tasche hat. Oft genügt schon ein einziger Anruf, um sich einen Arbeitsplatz zu sichern. Sogar beim Versand von Bewerbungsunterlagen bleibt man häufig ohne Konkurrenz. Wenn in der Branche ein Fachkräftemangel herrscht, bekommt man die Stelle mit hoher Wahrscheinlichkeit – trotz möglicher Unzulänglichkeiten im Lebenslauf.

Das war nicht immer so. Früher war es oft eine große Herausforderung, einen Job zu finden, und man musste sich gegen zahlreiche Bewerber durchsetzen. Arbeitgeber konnten sich die qualifiziertesten Kandidaten aussuchen, und Bewerber waren einem harten Wettbewerb ausgesetzt. Oft mussten sich die Arbeitssuchenden mit Jobs zufriedengeben, die unter ihren Fähigkeiten und Erwartungen lagen. Es war gang und gäbe, eine große Anzahl an Bewerbungen zu verschicken, um überhaupt die Chance auf einige wenige Vorstellungsgespräche zu haben. Und obwohl man den Job noch nicht in der Tasche hatte, löste bereits die Einladung zu einem Vorstellungsgespräch bei vielen Begeisterung aus. Eine Einstellungszusage war dann ein richtiges Freudenfest. Die Auserwählten konnten ihr Glück kaum fassen und waren erleichtert, dass die zeitaufwendige Bewerbungsphase endlich ein Ende hatte. Die Suche nach Arbeit war also langwierig und mit vielen Hürden verbunden.

Diese Herausforderung hat sich heutzutage in den allermeisten Branchen reduziert, wenn nicht sogar zur Gänze aufgelöst. Der Einstieg in ein neues Unternehmen gestaltet sich einfacher denn je. Denn der einst dominierende Arbeitgebermarkt hat sich zu einem Arbeitnehmermarkt gewandelt, wodurch die Arbeitnehmer nun in einer vorteilhaften Position sind.

Mit einem Überangebot an offenen Stellen und einem Mangel an qualifizierten Bewerbern haben die Arbeitnehmer eine stärkere Verhandlungsposition auf dem Arbeitsmarkt erlangt.

Love Bombing in Unternehmen

Der gegenwärtige Arbeitnehmermarkt führt dazu, dass Unternehmen vor erheblichen Herausforderungen stehen, wenn es darum geht, neue Mitarbeiter zu rekrutieren. Aufgrund der geringeren Anzahl verfügbarer Bewerber am Arbeitsmarkt herrscht zwischen den Unternehmen ein regelrechter Wettbewerb um die Gunst der potenziellen Kandidaten. Dies zwingt Unternehmen dazu, »Love Bombing« zu betreiben, um Bewerber für sich zu gewinnen. Manche handeln absichtlich auf diese Weise, während anderen nicht einmal bewusst ist, dass sie diese Methode einsetzen.

Doch was verbirgt sich hinter dem Begriff »Love Bombing in Unternehmen«? Im Kontext von Bewerbungsprozessen werden Bewerber von Unternehmen regelrecht mit Wertschätzung überhäuft und mit positiven Versprechungen überflutet. Man spürt förmlich, wie sehr das Unternehmen einen unbedingt haben möchte. Sie versprechen einem alles, was man sich wünscht, und noch viel mehr. Die ausgeschriebene Stelle erscheint plötzlich unwiderstehlich, und man ist begeistert, endlich in einem Unternehmen arbeiten zu können, in dem man sein volles Potenzial entfalten kann. Es ist geradezu berauschend, wie sehr das Unternehmen einen schätzt. Jede erdenkliche Ausnahme wird gemacht, und sie bieten einem mehr Geld an, als man eigentlich erwartet hat. Nachdem der Vertrag unterzeichnet wurde und man einige Wochen gearbeitet hat, erscheint die Situation jedoch auf einmal in einem anderen Licht.

Der Alltag ist eingekehrt, und plötzlich ist nichts mehr von »Wow, du bist so toll, und wir wollen dich unbedingt haben« zu hören. Stattdessen muss man sich rechtfertigen, warum bestimmte Dinge nicht erledigt und bestimmte Ziele noch nicht erreicht wurden.

Von dem, was zuvor versprochen wurde, ist auf einmal keine Rede mehr. In solchen Momenten wird deutlich, dass das anfängliche Love Bombing von Unternehmen, das sich zu gut anhörte, oft genau das war – zu schön, um wahr zu sein.

In der heutigen Zeit ist es daher nicht besonders schwierig, einen Job in einem Unternehmen zu finden, da Bewerber förmlich angezogen werden und Arbeitgeber oft alles tun, bis der Arbeitsvertrag unterschrieben ist. Die Herausforderung besteht vielmehr darin, erfolgreich im Unternehmen zu bleiben. Denn viele fühlen sich überlastet, da sie von Beginn an mit einer Vielzahl an Aufgaben zugeschüttet werden. Die Unsicherheit, ob man den Anforderungen dauerhaft gewachsen ist, nimmt zu. Früher war das anders. Es gab zunächst ausreichend Zeit, in einen Job hineinzufinden, und wenn eine Stelle für eine Person ausgeschrieben war, konnte mit hoher Wahrscheinlichkeit davon ausgegangen werden, dass die Arbeitsbelastung auch auf eine Person zugeschnitten war. Und selbst wenn dies nicht immer der Fall war, so war es doch zumindest wahrscheinlicher als heute.

Die Arbeitsbelastung steigt an

Bei meiner Arbeit als Arbeitspsychologin in Beratungen, Workshops oder Coachings haben mir viele Mitarbeiter der Babyboomer-Generation, geboren zwischen 1945 und 1964, erzählt, dass der Arbeitsalltag früher insgesamt weniger dicht war. Das Arbeitsvolumen war zu bewältigen, es gab ausreichend Zeit für Pausen, und gelegentlich wurde sogar der Arbeitstag unterbrochen, um Firmen- oder Geburtstagsfeiern zu veranstalten. Selbstverständlich ist mir bewusst, dass sich Unternehmen in dieser Hinsicht voneinander unterscheiden, man kann nicht alle über einen Kamm scheren. Dennoch haben mir im Laufe der Jahre zahlreiche Boomer aus unterschiedlichen Unternehmen und Branchen immer wieder berichtet, dass sich der Arbeitsalltag früher einfacher bewältigen ließ. Situationen, in denen einer die Arbeit von zwei erledigen musste oder die To-do-Listen trotz abgearbeiteter Aufgaben immer länger wurden, waren damals eher die Ausnahme als die Regel.

Als Ursache für die Zunahme des Arbeitsvolumens ist neben dem Fachkräftemangel auch die Digitalisierung zu nennen. Die fortschreitende Technologie hat zu einer erhöhten Produktivität und einem schnelleren Arbeitstempo geführt. Durch die ständige Erreichbarkeit und die Nutzung digitaler Kommunikationsmittel verschwimmen zunehmend die Grenzen zwischen Arbeitszeit und Freizeit. Mails und Nachrichten wollen immer zeitnah und so schnell wie möglich beantwortet werden. Dies führt zu einer erhöhten Arbeitsbelastung und einem Gefühl der ständigen Erreichbarkeit. Der Personalmangel hat diese Thematik noch weiter verschärft. In vielen Unternehmen haben sich die Aufgaben vervielfacht, während sich gleichzeitig die Anzahl der Beschäftigten reduziert hat. Auch wenn seit Langem davon gesprochen wird, dass künstliche Intelligenz uns die Arbeit erleichtern wird, ist für die Mitarbeiter bisher noch keine Entlastung zu spüren. Wenn überhaupt, wird diese fortschrittliche Technologie genutzt, um die Arbeit noch effizienter zu gestalten – jedoch nicht, um die Mitarbeiter zu entlasten.

Die Auswirkungen der zunehmenden Belastungen in der Arbeitswelt werden durch zahlreiche Studien und Umfragen eindrucksvoll belegt. Laut einer Studie der österreichischen

Arbeiterkammer sind 44 % der Beschäftigten überlastet und Burn-out-gefährdet.[8] Davon befinden sich 8 % bereits im Erkrankungsstadium und 36 % im Burn-on – das heißt, sie stehen kontinuierlich unter Stress und fühlen sich erschöpft, funktionieren aber dennoch weiterhin. Man brennt ständig weiter, brennt jedoch nie ganz aus. Weitere Studien aus Deutschland liefern ähnliche Zahlen. Laut dem Deutschen Gewerkschaftsbund (DGB) fühlen sich etwa 50 % der Beschäftigten häufig gehetzt.[9] Laut einer weiteren Studie des HR-Unternehmens ADP Deutschland gaben etwa 59 % an, dass sich Stress negativ auf ihre Arbeit auswirkt.[10] Und nicht zuletzt zeigt auch eine Studie der Allianz-Versicherung zum Thema »Wie gestresst ist Österreich?« alarmierende Werte.[11] 39 % der Bevölkerung geben an, dass sie sich durch berufsbedingten Stress erheblich beeinträchtigt fühlen. Nahezu jeder Vierte befindet sich auf dem Weg in eine Erschöpfungsdepression und ist bereits am Ende seiner Kräfte. Zusammenfassend lässt sich festhalten, dass nahezu die Hälfte der Erwerbstätigen mit Stressproblemen kämpft.

Wenn du also gegenwärtig das Gefühl hast, dass dir in der Arbeit alles über den Kopf wächst, kannst du dich darauf verlassen, dass du damit keineswegs allein bist. Es gibt zahlreiche andere Menschen, die ähnliche Empfindungen haben und deine Herausforderungen bestens kennen.

Das sage ich auch immer wieder Menschen, denen ich in meiner beruflichen Praxis begegne und die sehr verunsichert das Gespräch mit mir suchen, um mir von ihren Stresssymptomen zu berichten. Stress kann sich auf unterschiedliche Weise äußern, und so kann es vorkommen, dass der eine nicht mehr schlafen kann, während die andere eine Panikattacke bekommt, und dem Nächsten gelingt es nicht mehr abzuschalten. Egal, mit welchen Symptomen oder Stressauswirkungen die Menschen auf mich zukommen, sie sind bei

Weitem kein Einzelfall. Viele haben ähnliche Erfahrungen gemacht, aber nur wenige sprechen darüber. Das Wichtigste ist zu betonen, dass das, was auch immer du gerade erlebst, nichts Ungewöhnliches ist. Es ist lediglich eine natürliche Reaktion auf deine Überlastung, und dein Körper möchte dir signalisieren, dass du etwas unternehmen und nicht einfach wie gehabt weitermachen solltest.

KÜNDIGEN ODER STUNDEN REDUZIEREN

Wenn du darüber nachdenkst, deinen Job zu kündigen, bist du bei Weitem nicht allein mit diesem Gedanken. Laut Arbeitsklima-Index zieht mehr als ein Viertel der Beschäftigten einen Jobwechsel in Erwägung.[12] Und immer mehr Arbeitnehmer setzen diesen Gedanken auch in die Tat um. Sie kündigen und suchen sich eine neue Anstellung. Es gibt sogar Menschen, die diesen Schritt bereits mehrmals gewagt und in kurzen Abständen den Arbeitgeber gewechselt haben. Ob dies für diese Personen sinnvoll war oder zur Verbesserung ihrer Situation geführt hat, ist jedoch eine individuelle Frage und lässt sich nicht pauschal beantworten. Wie bereits erwähnt, ist es in Zeiten des Fachkräfte- und Personalmangels jedoch wahrscheinlich, dass ähnliche Arbeitsbedingungen auch in anderen Unternehmen derselben Branche herrschen. Es ist demnach wichtig, sich gründlich zu überlegen, ob eine Kündigung für einen selbst von Vorteil ist. Es gibt Situationen, in denen eine Kündigung tatsächlich die beste Lösung ist, aber das trifft nicht immer zu. Denn eine Kündigung bedeutet einen radikalen Schritt und sollte daher gut überlegt werden.

Um die Überlastung in der aktuellen Position zu bewältigen, sollten zunächst die Gründe analysiert werden. Im nächsten Schritt kann es sinnvoll sein, die Arbeitsbedingungen zu verbessern oder mit dem Arbeitgeber neu zu verhandeln. Hierbei geht es nicht um das Gehalt, sondern um die Gestaltung des Arbeitsalltags. Dein Arbeitgeber wird in den allermeisten Fällen daran interessiert sein und dir genau zuhören, denn er möchte dich im Unternehmen halten. Es ist für ihn nur mit Mühen und Kosten verbunden, wenn du das Unternehmen verlässt. Du hast somit im Rahmen einer Verhandlung einen klaren Vorteil. Welche Aspekte du dabei berücksichtigen solltest, erfährst du in den folgenden Kapiteln.

Glücklich durch Veränderung?

Häufig neigen wir dazu, in Zeiten der Unzufriedenheit zu glauben, dass eine Veränderung automatisch zu einer Steigerung unseres Wohlbefindens führen wird. Das mag in manchen Fällen zwar kurzfristig zutreffen, auf lange Sicht kann es jedoch durchaus anders aussehen.

Ich habe zahlreiche Arbeitnehmer erlebt, die den Arbeitsplatz gewechselt haben, nur um dann festzustellen, dass sie in der neuen Firma genauso unglücklich waren wie bei ihrem vorherigen Arbeitgeber.

Dies zeigen auch Studien, die darauf hinweisen, dass der Großteil der Menschen, die ihren Job aufgeben, dies später bereute, da sie im nächsten Unternehmen nicht unbedingt glücklicher werden. Nach der großen Kündigungswelle im Jahr 2021, die als »The Great Resignation« bekannt ist, wurden Studien durchgeführt, die zeigten, dass 80 % der Personen, die während dieser Phase gekündigt hatten, ihre Entscheidung im Nachhinein bedauerten.

Doch warum haben wir oft das Gefühl, dass wir möglicherweise glücklicher sein könnten, wenn wir kündigen und den Job wechseln? Ist es wirklich immer der Beruf, der für unser Unglück verantwortlich ist, oder spielen auch andere Faktoren eine wichtige Rolle? Wenn wir unglücklich sind, neigen wir dazu, die Verantwortung für Probleme in unserem Leben auf äußere Faktoren abzuwälzen, denn dies liegt in der Natur des Menschen. Wenn es in unserem Leben einmal nicht gut läuft, fällt es uns leichter, jemand anderen oder etwas anderes dafür verantwortlich zu machen, anstatt uns selbst in die Verantwortung zu nehmen. Da Arbeit und Beziehungen einen erheblichen Teil unseres Lebens ausmachen, neigen wir dazu, ihnen die Schuld zuzuschieben.

Daher gibt es in Zeiten der Unzufriedenheit Menschen, die sich von ihrem Partner trennen und eine neue Beziehung eingehen. Andere tendieren dazu, den Job zu wechseln, um eine Lösung für ihre Unzufriedenheit zu finden. Wenn die erste Verliebtheit abgeklungen oder im neuen Job der Alltag eingekehrt ist, fallen wir jedoch oft in unsere ursprüngliche Stimmung zurück.

Vergleichbar ist das auch mit Menschen, die in eine neue Stadt oder sogar in ein anderes Land umziehen, mit der unterbewussten Hoffnung, dass sie sich dort besser fühlen werden. Nach der Eingewöhnungsphase werden sie jedoch schnell merken, dass sie sich genauso fühlen wie zuvor. Denn sie nehmen sich selbst und ihre eigenen Probleme im Reisegepäck mit.

Letztendlich sind wir immer mit uns allein, ob wir in Österreich, Deutschland oder China leben oder wir im Unternehmen X, Y oder Z arbeiten. Wie man sieht, gibt es immer einen Übeltäter, und das sind wir selbst. Egal, wohin wir gehen, uns selbst und unsere Gedanken, die uns auf Schritt und Tritt folgen, nehmen wir immer mit. Eine Veränderung der Umgebung macht einen also nicht automatisch zu einem neuen Menschen. Das soll keinesfalls heißen, dass wir nicht jederzeit ein neuer Mensch werden können. Jeder kann jederzeit sein Leben auf den Kopf stellen und von Grund auf ändern. Voraussetzung dafür ist aber nicht zwingend eine neue Arbeits- oder Wohnumgebung. Jeder kann das auch zu Hause in seinem Wohnzimmer auf dem Sofa tun oder am Schreibtisch in seinem Unternehmen.

Bevor du daher kündigst, solltest du dir genau überlegen, ob deine aktuelle Unzufriedenheit tatsächlich auf das Unternehmen und deine Arbeitsbedingungen zurückzuführen ist. Oder gibt es Belastungen, die aus einem anderen Lebensbereich herrühren und die du womöglich auf die Arbeit projizierst?

Kommst du allerdings zu dem Schluss, dass du mit dir selbst im Reinen bist und tatsächlich die belastende Situation in der Arbeit daran schuld ist, dass es dir so schlecht geht, dann ist die Lage eindeutig. In diesem Fall mag eine Kündigung möglicherweise zu einer Verbesserung deiner aktuellen Lebenslage führen, doch du kannst auch innerhalb deines jetzigen Unternehmens viel erreichen, indem du das Ruder selbst in die Hand nimmst. Gemeinsam werden wir in den nächsten Kapiteln analysieren, ob es ratsamer ist, im Unternehmen zu bleiben oder sich nach einem neuen Job umzusehen.

Sind andere Arbeitgeber besser?

Du hast von Unternehmen gehört, die ihre Mitarbeiter in den Mittelpunkt stellen und ihnen eine Vielzahl an großzügigen Benefits zur Verfügung stellen? Oder womöglich kennst du auch die Begriffe »Work-Life-Balance« oder »Vier-Tage-Woche«? All dies sind Attribute, mit denen man seine Arbeitgebermarke schmücken kann. Doch was zeichnet darüber hinaus einen Arbeitgeber aus, bei dem jeder gerne arbeiten möchte? Ein attraktiver Arbeitgeber bietet flexible Arbeitszeiten, die Möglichkeit von Homeoffice, spezielle Urlaubsregelungen sowie eine wettbewerbsfähige Vergütung, die den

Leistungen und der Position der Mitarbeiter entspricht. Überdies stehen Zusatzleistungen wie betriebliche Gesundheits- und Altersvorsorge, Essensgutscheine oder Mitarbeiterrabatte auf dem Programm. In der heutigen Zeit gibt es eine schier endlose Vielfalt an Möglichkeiten und Angeboten, um sich am Arbeitsmarkt als attraktiver Arbeitgeber zu präsentieren. Obwohl es leichte Unterschiede in den angebotenen Leistungen gibt, eint alle attraktiven Arbeitgeber eine Eigenschaft: Sie sind echte Marketingexperten. Sie wissen genau, wie sie ihre Botschaft effektiv nach außen kommunizieren können. Ihr Ziel ist es, möglichst viele Fachkräfte von sich zu überzeugen und für ihr Unternehmen zu gewinnen.

Wenn man sich intensiv mit Marketing beschäftigt hat, ist einem bewusst, dass in einer Arbeitgebermarke nicht immer das drinsteckt, was sie verspricht. Es kann durchaus vorkommen, dass ein Unternehmen, das sich auf dem Papier als erstklassiger Arbeitgeber darstellt, diesem Anspruch in der Realität nicht gerecht wird. Auf der anderen Seite gibt es zahlreiche Unternehmen, die sich nach außen hin nicht vermarkten und sich dennoch als Top-Arbeitgeber herausstellen. Letztendlich können wir ein Unternehmen nicht beurteilen, bevor wir dort gearbeitet haben. Erst wenn wir selbst Teil des Unternehmens sind, werden wir wissen, ob es sich um einen guten Arbeitgeber handelt.

Als Arbeitspsychologin kann ich dir jedoch eins mit Gewissheit sagen: Jedes Unternehmen hat seine Stärken und Schwächen, seine Vor- und Nachteile, seine guten und schlechten Seiten. Kein Arbeitgeber ist perfekt, genauso wenig wie eine Partnerschaft je perfekt ist.

Unsere Partner sind Menschen, und auch in Firmen arbeiten Menschen, die Fehler machen. Und selbstverständlich sind auch wir Menschen und machen Fehler. Ich habe in den letzten zehn Jahren Umfragen in über 120 Unternehmen durchgeführt, um die psychischen Belastungen zu evaluieren und Maßnahmen zur Reduktion dieser Belastungen zu entwickeln. In den zahlreichen Befragungen, Workshops und Interviews stellte sich heraus, dass es überall Belastungen oder Probleme gibt. Eventuell sind diese nicht von gleicher Größe oder Intensität, und natürlich unterscheiden sie sich auch inhaltlich – aber ein perfektes Unternehmen scheint es nicht zu geben, schon gar nicht in Zeiten des Fachkräfte- und Personalmangels. Selbst jene Unternehmen, die sich wirklich um ihre Mitarbeiter kümmern und bei den Befragungen im Großen und Ganzen sehr gut abgeschnitten haben, haben Schwachstellen.

Nun, was möchte ich damit sagen? Wenn wir mit unserem derzeitigen Unternehmen gerade unzufrieden sind, haben wir oft das Gefühl, dass es bei einem anderen Arbeitgeber viel besser laufen könnte. »Auf der anderen Seite ist das Gras viel grüner« – kennst du diesen Spruch? Vielleicht hast du einen Arbeitgeber im Kopf, bei dem du gerne arbeiten würdest, weil er für dich besonders attraktiv ist. Vielleicht gibt es auch Personen, die dir erzählt haben, wie angenehm der dortige Arbeitsplatz ist. Dort ist alles einfacher, und wenn du dort bist, geht's dir besser? Denke daran: Ganz egal, wie gut dieser Arbeitsplatz zu sein scheint, sobald du dort angekommen bist, werden früher oder später Herausforderungen oder Hindernisse auf dich warten. Und du kannst die Stolpersteine, auf die du dabei stößt, entweder aus dem Weg räumen, oder du kannst dich davor hinstellen und sie als unüberwindbar betrachten. Bei Letzterem wirst du dir einen neuen Job suchen, und das Spiel beginnt von vorne.

Wenn du dich aktuell mit Hindernissen konfrontiert siehst und dich überfordert und richtig mies fühlst, dann kannst du kündigen und dich in einem neuen Unternehmen bewerben, in dem das Gras viel grüner erscheint. Vielleicht ist es aber auch einen Versuch wert, das Gras in deinem Unternehmen ein bisschen zu düngen und zu sehen, ob es dann besser wächst und gedeiht. Womöglich wird es demnächst prachtvoll grün sein. Ich will dir damit nicht sagen, dass du keinesfalls kündigen sollst. Aber überlege dir vorher genau, ob es woanders wirklich besser sein könnte.

Vom Stundenreduzieren und Teilzeitarbeiten

»Die so starke Zunahme an Teilzeitarbeit führt dazu, dass, obwohl heute mehr als 100.000 Menschen mehr arbeiten als vor Corona (2019), der Arbeitskräftemangel deutlich spürbar ist. Die gesamt geleistete Menge an Arbeitsstunden hat sich nämlich reduziert, die Teilzeitbeschäftigung wird zunehmend typischer.«
Johannes Kopf

Die Entscheidung, die Arbeitsstunden zu reduzieren und in Teilzeit zu arbeiten, ist nicht leicht, denn sie wirkt sich auf verschiedene Aspekte deines Lebens aus, vor allem auf dein Einkommen. Es ist daher wichtig, das Für und Wider sorgfältig abzuwägen und alle Lebensbereiche zu berücksichtigen, bevor du eine endgültige Entscheidung triffst. Wenn du merkst, dass du unter einer hohen Arbeitsbelastung leidest, könnte dir eine Reduktion der Arbeitsstunden mehr Freizeit und Raum geben, um dich zu erholen und deine Batterien wieder aufzuladen. Auf der anderen Seite ist es möglich, dass eine Reduktion der Arbeitsstunden nicht unbedingt eine Verbesserung der aktuellen Arbeitssituation mit sich bringt. Es reicht manchmal nicht aus, nur die Rahmenbedingungen zu verändern. Die Belastungen können trotz der Stundenreduktion gleich groß bleiben oder sogar zunehmen, da du möglicherweise mehr Arbeit in weniger Stunden leisten musst.

> Ich werde nie das Gespräch mit einer Mitarbeiterin vergessen, die aus diesem Grund Kontakt mit mir aufnahm. Ihr verwirrter Gesichtsausdruck ist mir noch genau in Erinnerung.

Sie begann, von ihrem Problem zu berichten: »Jetzt arbeite ich extra acht Stunden weniger und bin nun jeden Freitag zu Hause. Trotzdem geht es mir nicht besser, wenn nicht sogar schlechter«, sagte sie nachdenklich und fuhr fort: »Meine To-do-Liste ist nicht kürzer geworden, aber ich habe jetzt weniger Zeit dafür – das stresst mich unheimlich.« Sie erzählte mir, dass sie abends nicht mehr abschalten könne und sich dabei ertappe, wie sie Aufgaben an ihren freien Tagen erledigte. Es gäbe gar keine andere Möglichkeit, meinte sie. »Wichtige E-Mails müssen auch dann beantwortet werden, wenn ich nicht in der Firma bin.«

In diesem Fall lag der Fehler auf der Hand, denn obwohl sie offiziell ihre Arbeitsstunden reduziert hatte, arbeitete sie inoffiziell an ihren freien Tagen weiter. Doch selbst wenn man in seiner Freizeit keiner Arbeit nachgeht, habe ich schon des Öfteren gehört, dass eine Reduktion der Arbeitsstunden nicht unbedingt eine Erleichterung bedeutet. Natürlich ist es wunderbar, ein verlängertes Wochenende zu haben. Aber wenn man mit seiner Arbeit von Montag bis Donnerstag nicht zurechtkommt und unglücklich ist, ist es schier unmöglich, im Anschluss ein paar freie Tage zu genießen. Entscheidest du dich für eine Stundenreduktion, sollte dies daher niemals die einzige Lösung oder Änderung sein, um deine Gesamtsituation zu verbessern.

Häufig beobachte ich auch, dass Menschen, die ihre Arbeitsstunden reduzieren, sich dafür mehr Stress in ihrer Freizeit aufhalsen. Sie setzen sich selbst unter Druck, ihre zusätzliche Freizeit effektiv zu nutzen, indem sie mehr soziale Verpflichtungen eingehen, sich an mehreren Projekten beteiligen oder verschiedene Hobbys pflegen. Die Konsequenz davon ist, dass ihr Wohlbefinden trotz der Reduktion der Arbeitsstunden nicht wirklich steigt. Ganz im Gegenteil: Die zusätzlichen Verpflichtungen führen oft zu mehr Stress und weniger Erholung in ihrer Freizeit.

Vier-Tage-Woche

Die Vier-Tage-Woche erfreut sich momentan großer Beliebtheit, da sie von vielen Menschen als ideale Arbeitszeitregelung angesehen wird, um ihre Work-Life-Balance zu verbessern. Der Wunsch, nur vier Tage zu arbeiten und dennoch ein volles Gehalt zu beziehen, ist bei vielen Menschen verbreitet.

Unter anderem sehe ich das aktuell, wenn ich Mitarbeiterbefragungen auswerte. Am Ende gibt es meistens die offene Frage: »Wenn du etwas im Betrieb verändern könntest, damit das Unternehmen noch besser arbeitet, was würdest du anders machen? Gibt es Ideen oder Vorschläge, die deinen Arbeitsalltag erleichtern würden? Wenn ja, welche?« Eine Antwort, die ich dort sehr häufig lese, ist der Wunsch nach einer Vier-Tage- oder einer 32-Stunden-Woche, begleitet von einem oder mehreren Ausrufezeichen. Das war vor einigen Jahren noch anders, ehrlich gesagt habe ich dies erst im letzten Jahr beobachtet, als die Vier-Tage-Woche immer wieder in den Medien auftauchte.

Wenn auch du dir eine Vier-Tage-Woche als Ideal vorstellst und dich darüber ärgerst, dass dein Arbeitgeber keine solche Arbeitszeitregelung anbietet, dann kann ich dich beruhigen: Eine echte Vier-Tage-Woche wird nur in seltenen Fällen angeboten.

Der Großteil der Unternehmen, die derzeit eine Vier-Tage-Woche bewerben, bietet tatsächlich eine sogenannte falsche Vier-Tage-Woche an. Du fragst dich vielleicht, was genau eine falsche Vier-Tage-Woche ist. Und wenn es eine falsche Vier-Tage-Woche gibt, dann müsste es doch auch eine richtige geben. Wo liegt hier also der Unterschied?

Bei einer falschen Vier-Tage-Woche handelt es sich um eine Arbeitszeitregelung, bei der die Stundenzahl nicht reduziert wird. Die Arbeitsstunden, seien es 40 oder 38,5 Stunden, werden lediglich auf vier Tage verteilt. Dies geschieht oft von Montag bis Donnerstag, kann aber auch von Dienstag bis Freitag stattfinden. »Derzeit werden in Österreich 6000 Stellen mit 4-Tage-Woche angeboten – wenige mit Lohnausgleich, meistens in der Variante, dass an diesen vier Tagen mehr als neun Stunden gearbeitet wird«, berichtet Johannes Kopf, Vorstandsvorsitzender des AMS (Stand Juli 2023).[13]

Eine echte Vier-Tage-Woche, die mit einer Reduktion der Arbeitsstunden einhergeht, wird somit sehr selten angeboten. Das bedeutet, dass an vier Tagen jeweils acht Stunden gearbeitet wird. Nur diese Art der Vier-Tage-Woche entlastet die Mitarbeiter. Im Gegensatz dazu bringt die falsche Vier-Tage-Woche häufig zusätzliche Belastungen mit sich. Die ersten Erfahrungen zeigen, dass die falsche Vier-Tage-Woche schwer zu bewältigen ist. Vor allem, wenn es um körperliche Belastung geht, fällt es vielen schwer, so viele Stunden pro Tag zu arbeiten. Aber auch bei geistiger Arbeit ist es ein Ding der Unmöglichkeit, die Konzentration so lange Zeit aufrechtzuerhalten.

Betriebe, die hingegen eine richtige Vier-Tage-Woche mit einer Arbeitszeitverkürzung eingeführt haben, haben positive Veränderungen für alle Angestellten. Es ist nachweislich möglich, dass Mitarbeiter durch eine echte Vier-Tage-Woche, die mit einer Stundenreduktion einhergeht, der Überlastungsfalle entkommen können. Mitarbeiter seien seltener krank, glücklicher, würden nicht so häufig kündigen und seien sogar produktiver, zeigen erste Studien aus Großbritannien, die über einen Zeitraum von sechs Monaten durchgeführt wurden.[14] Durch eine Vier-Tage-Woche haben Arbeitnehmer in der Regel drei aufeinanderfolgende Tage frei, was mehr Zeit für persönliche Interessen, Erholung, Familie und Freunde ermöglicht. Durch die längere zusammenhängende Freizeit ist es auch möglich, besser abzuschalten und mehr Energie für die kommende Arbeitswoche zu tanken. Allerdings gibt es bei der Umsetzung einer

Vier-Tage-Woche mehrere Herausforderungen zu bewältigen. Ein Problem besteht darin, dass die meisten Unternehmen, unabhängig davon, wie dringend sie nach Personal suchen, nicht wirklich bereit sind, die echte Vier-Tage-Woche mit Arbeitszeitverkürzung bei vollem Gehalt anzubieten. Jedes Unternehmen muss wirtschaftlich denken, und deshalb ist die Bereitschaft hier oft begrenzt.

Aufgrund des demografischen Wandels besteht ein weiteres strukturelles Problem. Um eine Vier-Tage-Woche erfolgreich umsetzen zu können, müssen grundsätzlich ausreichend Arbeitssuchende zur Verfügung stehen. Die demografische Entwicklung würde das in den kommenden Jahren aber nicht erlauben. Wir sind bereits mit einem Mangel an Arbeits- und Fachkräften konfrontiert, und würde überall eine Vier-Tage-Woche angeboten und die Arbeitszeiten verkürzt, würde der Personalmangel noch größer werden.

Entweder oder – ändere die Arbeitszeit oder den Arbeitsinhalt

Um deinen Stresspegel zu senken, hast du also die Möglichkeit, deine Arbeitszeit zu reduzieren. Bei korrekter Ausführung kann dies zur erwünschten Entlastung führen. Wenn es finanziell für dich machbar ist und dein Unternehmen damit einverstanden ist, kannst du diese Option in Betracht ziehen.

> Eine Klientin teilte mir mit, dass sie sich lange bemüht habe, ihren Arbeitgeber davon zu überzeugen, ihre Arbeitszeit auf 30 Stunden zu reduzieren. Nach einem Jahr ist ihr dies tatsächlich gelungen. Als leidenschaftliche Sportlerin nutzt sie nun den freien Tag zum Wandern oder Klettern. Da sie sparsam ist und Minimalismus schätzt, bereitet ihr das geringere Einkommen keine Probleme. Diese Entscheidung erwies sich für sie daher als eine passende Lösung.

Es gibt jedoch viele Menschen, die ihre Arbeitsstunden nicht reduzieren möchten oder können. Außerdem gibt es zahlreiche Unternehmen, die keine Vier-Tage-Woche anbieten. Wenn du dich in einer solchen Situation befindest, brauchst du dennoch den Kopf nicht hängen zu lassen.

Denn es gibt viele Wege, um der Überlastung zu entkommen, auch ohne die Stunden zu reduzieren. So kannst du etwa deinen Arbeitstag anders gestalten.

Im kommenden Kapitel werden wir gemeinsam deine Situation analysieren und im Anschluss nach Lösungen suchen, um deine psychischen Belastungen zu reduzieren. Bitte bedenke dabei, dass du nicht alle Ideen und Lösungen umsetzen musst, um damit erfolgreich zu sein. Es ist normal, dass manche Ideen dir mehr zusagen als andere. Ein Rat kann abhängig von deiner individuellen Situation besser passen und somit dein Problem effektiver lösen als ein anderer. Es kommt stets auf deine persönliche Ausgangssituation an.

Zu dieser Erkenntnis kam ich, als sich nach einem Vortrag eine Mitarbeiterin mit mir unterhielt. Sie lobte den Vortrag insgesamt, besonders angesprochen fühlte sie sich aber von einer bestimmten Geschichte – genauer gesagt von einem einzigen Satz. In diesem einen Satz erkannte sie sich wieder und fand darin zugleich einen Ansatzpunkt für ihre eigenen Überlegungen. Für sie war dieser Satz ein Aha-Erlebnis. In diesem Moment sah sie ihre bisherige Situation in einem neuen Licht und musste nicht mehr verzweifelt nach einer Lösung suchen. Vielleicht wirst auch du in einem Kapitel etwas entdecken, das quasi auf dich zugeschnitten ist und ein Aha-Erlebnis in dir auslöst.

ANALYSE DEINER SITUATION

Bevor wir uns auf die Lösungssuche begeben, werfen wir zunächst einen Blick auf deine Symptome und finden heraus, wie sich der chronische Stress bei dir auswirkt und was dir derzeit fehlt. Es ist wichtig, eine genaue Bestandsaufnahme zu machen, um ein klares Verständnis deiner Situation zu bekommen. Egal, ob du bereits an einem Tiefpunkt angekommen bist oder erst vor Kurzem bemerkt hast, dass etwas nicht stimmt, du wirst definitiv in der Lage sein, da wieder herauszukommen. Damit möchte ich keineswegs sagen, dass du nicht leidest. Dein Leidensdruck ist mit Sicherheit groß, das steht außer Frage. Und es ist sicherlich alles andere als angenehm, wenn es dir derzeit nicht gut geht.

Mache dir jedoch bitte keine Sorgen, dass deine Stresssymptome ungewöhnlich sind oder du womöglich noch verrückt wirst. Die Auswirkungen von Stress auf deinen Körper sind etwas vollkommen Normales. Genauso wie die Symptome entstanden sind, können sie auch wieder verschwinden. Gemeinsam werden wir dein Leiden überwinden, ganz egal, wie schlecht es dir im Moment auch gehen mag.

Im Laufe meiner Arbeit habe ich viele Mitarbeiter erlebt, die früher vollkommen verzweifelt waren und das Gefühl hatten, dass es keinen Ausweg aus ihrer schwierigen Situation gibt. Doch nach einiger Zeit ist es ihnen gelungen, ihre Stresssymptome zu bewältigen. So wie körperliche Erkrankungen vorübergehen und Wunden heilen, ist es auch mit unserer Psyche. Der Unterschied besteht einzig und allein darin, dass körperliche Erkrankungen in unserer Gesellschaft nicht als etwas Besonderes angesehen werden. Niemand schlägt die Hände über dem Kopf zusammen, wenn man mit einer Grippe krank zu Hause liegt. Tatsächlich wird niemand auch nur einen Gedanken darauf verschwenden. Psychischen Symptomen haftet in unserer Gesellschaft hingegen noch immer etwas Anrüchiges an, oder sie sind negativ besetzt. Das erschwert die Bewältigung der Symptome, da viele gar nicht oder erst zu spät über ihr psychisches Leid sprechen.

Ich persönlich kann nicht nachvollziehen, warum körperliche Erkrankungen in unserer Gesellschaft akzeptiert werden, psychische hingegen nicht. Denn psychische Symptome sind genauso nachweisbar wie körperliche. Bei psychischen Symptomen verändert sich die Aktivität in bestimmten Hirnregionen, das ist messbar und nachweisbar. Die Direktorin des Max-Plank-Institutes, Elisabeth Binder, definiert psychische Erkrankungen auch als Netzwerkerkrankungen in unserem Gehirn, bei denen das Zusammenspiel zwischen neuronalen Einheiten gestört ist. Unser psychisches Befinden lässt sich somit in unserem Gehirn abbilden, und es konnten auch Risikofaktoren für psychische Erkrankungen identifiziert werden. Wie bei körperlichen Erkrankungen spielen auch die Gene eine Rolle dabei, ob jemand für solche Erkrankungen anfällig ist.

Erfreulicherweise wird bereits sehr intensiv an der Enttabuisierung von psychischen Erkrankungen gearbeitet, wodurch in den kommenden Jahren zunehmend ein spürbarer

Wandel in diesem Bereich erkennbar sein wird. Fürs Erste möchte ich an dieser Stelle abschließend zusammenfassen: Es gibt Erkrankungen des Körpers und Erkrankungen der Psyche, und in den allermeisten Fällen hängen diese auch zusammen. Sowohl körperliche als auch psychische Erkrankungen kann man mit den richtigen Mitteln aus der Welt schaffen – egal, ob du Halsweh hast oder von einer Angst- oder Schlafstörung betroffen bist. Diese Symptome können erfolgreich behandelt werden und lassen sich vollständig überwinden.

Häufige Stresssymptome

Stress kann sich auf verschiedene Weise in unserem Körper und Geist manifestieren und zu einer Vielzahl von Symptomen führen. Jeder Mensch tickt anders, und so kann sich Stress auch bei jedem auf unterschiedliche Art und Weise äußern. Einige Menschen neigen eher dazu, körperliche Symptome wie Kopfschmerzen, Magen-Darm-Probleme oder Muskelverspannungen zu zeigen. Bei anderen kommen stärker psychische und emotionale Symptome zum Vorschein, wie zum Beispiel Angstzustände, Reizbarkeit oder Depressionen.[15] Nachfolgend möchte ich die häufigsten Stresssymptome schildern, die mir in meiner arbeitspsychologischen Tätigkeit immer wieder begegnen. Anschließend gebe ich schnelle und effektive Tipps, um diese Symptome erfolgreich bewältigen zu können. Egal, wie unangenehm oder belastend diese Symptome oder Emotionen momentan für dich auch sein mögen – mit ein bisschen Arbeit an dir selbst gelingt es dir mit Sicherheit, diese zu bewältigen.

Bitte bedenke stets, dass dieses Buch als Unterstützung gedacht ist und keinesfalls eine ärztliche Behandlung oder Therapie ersetzen kann. Im Falle anhaltender Stresssymptome ist es immer ratsam, einen Arzt oder Therapeuten aufzusuchen.

Körperliche Erkrankungen

Wenn wir gestresst sind, kann dies zu körperlichen Beschwerden wie zum Beispiel Kopfschmerzen, Muskelverspannungen, Magen-Darm-Beschwerden, Brustschmerzen und Herzrasen sowie allgemein zu einem geschwächten Immunsystem führen. Im Grunde genommen ist es nicht wichtig zu wissen, welche spezifischen körperlichen Symptome auftreten können, denn Stress kann die Ursache für fast alle körperlichen Krankheitszeichen sein. Es reicht zu wissen, dass Stress zu physischen Erkrankungen führen kann, und wenn wir häufig krank sind, kann es durchaus sein, dass chronischer Stress dafür verantwortlich ist. Denn Stress hat nachweislich Auswirkungen auf unser Immunsystem. Wenn wir unter anhaltendem oder chronischem Stress stehen, werden im Körper vermehrt Stresshormone wie Cortisol freigesetzt. Diese Hormone können die Immunfunktion beeinflussen, indem sie die Produktion und Aktivität von Immunzellen sowie die Freisetzung von entzündungsfördernden Substanzen beeinflussen. Dadurch wird das Immunsystem geschwächt, und wir werden anfälliger für Infektionen, Erkältungen und andere Krankheiten. Zudem kann Stress die Genesung von Krankheiten verzögern und den Verlauf von bereits bestehenden Erkrankungen negativ beeinflussen.

Wenn es uns gelingt, Belastung und Erholung wieder ins Gleichgewicht zu bringen, dann können wir unser Immunsystem stärken, und dadurch lassen sich auch körperliche Erkrankungen wieder verhindern.

Hast du das Gefühl, immer wieder krank zu sein, und bist davon genervt? Dann kannst du eventuell deine Situation ändern und dein Immunsystem stärken, wenn du an deiner Stressschraube drehst.

Innere Unruhe und Reizbarkeit

Innere Unruhe ist ein äußerst häufiges Stresssymptom, das mir in meiner psychologischen Arbeit immer wieder begegnet. Betroffene spüren deutlich, dass etwas nicht stimmt. Man fühlt sich aufgekratzt und hetzt von A nach B. Selbst in Pausen gelingt es kaum abzuschalten, denn die Gedanken rasen unaufhörlich weiter. Und auch am Feierabend fällt es schwer, zur Ruhe zu kommen. Viele Menschen haben auch Schwierigkeiten beim Einschlafen. Diese Unruhe tritt häufig in sehr stressigen Arbeitsphasen auf, wenn man sich nicht ausreichend Ruhepausen gönnt. Die Symptome sind eher unspezifisch und können von Mensch zu Mensch sehr stark variieren. In den meisten Fällen fühlen sich die Betroffenen jedoch nervös und angespannt und können sich nur schwer beruhigen. Der Geist ist überaktiv, die Gedanken wirbeln durcheinander, und es fällt einem schwer, sich auf etwas zu konzentrieren. Oft tritt innere Unruhe gemeinsam mit Reizbarkeit auf. Das kann dazu führen, dass man sich leicht über alles und jeden ärgert. Das musste ich auch einer Vorgesetzten erklären, die mich wegen einer Mitarbeiterin, die ihr große Sorgen bereitete, in das Unternehmen holte.

> Schon am Telefon sagte sie zu mir: »Irgendwas stimmt nicht mit dieser Mitarbeiterin.« Ich solle mit ihr ein Beratungsgespräch führen und herausfinden, was los ist.
>
> Die Mitarbeiterin kam in das Besprechungszimmer gestürmt, in dem wir uns verabredet hatten, setzte sich auf die Stuhlkante, als würde sie gleich wieder aufspringen wollen, und sagte: »Ich habe eigentlich überhaupt keine Zeit für dieses Gespräch.« Sie war sichtlich unruhig. Doch sie war auch ziemlich verärgert, und zwar über das Unternehmen und alle ihre Kolleginnen.

»Was ist hier passiert?«, fragte ich mich. Schnell wurde klar, dass der Personal- und Fachkräftemangel auch in diesem Betrieb zugeschlagen hatte, denn zwei wichtige Personen in der Abteilung hatten gekündigt. Es wurden zwar neue Mitarbeiter gesucht, aber derzeit war man eben unterbesetzt. Die Kolleginnen, die noch nicht das Handtuch geworfen hatten, waren sogenannte »Quiet Quitter«. Die Mitarbeiterin formulierte es so: »Die arbeiten nur noch das Nötigste.« Diese Kolleginnen verließen jeden Tag pünktlich das Büro, nach dem Motto: »Was geht, das geht, und alles andere bleibt liegen.« Die Mitarbeiterin vor mir leistete jedoch Überstunden und bemühte sich, den Personalmangel auszugleichen. »Das Projekt muss ja trotzdem fertig werden«, betonte sie. Doch dabei entwickelte sie unheimlich viel Ärger auf ihre Kolleginnen. Sie bezeichnete sie als »Lahmärsche«, die nichts weiterbrachten. Ihr Ärger war so groß geworden, dass sie sich ständig über diese Kolleginnen beschwerte und sogar versuchte, diese zu ändern. Doch natürlich scheiterte sie, da ihre Kolleginnen unbeeindruckt blieben. Sie waren der Meinung, dass sie unter den gegebenen Umständen sowieso nicht mehr schaffen würden.

Leidest auch du an Reizbarkeit und bist innerlich unruhig? Ärgerst du dich über deine Kollegen oder dein Unternehmen? Dann musst du dir Ruhepausen gönnen, um wieder durchzuatmen. Denn Ärger kann ein ganz normales Stresssymptom sein, ein Symptom der Überforderung. Wenn du dich insbesondere über Kollegen ärgerst, empfehle ich dir jedoch, dir nicht nur ausreichende Erholungspausen zu gönnen, sondern auch das Kapitel »Schwierige Menschen am Arbeitsplatz« zu lesen. Dort findest du hilfreiche Tipps, wie du damit umgehen kannst, wenn Kollegen dich auf die Palme bringen.

Angst loswerden

Neben innerer Unruhe und Reizbarkeit ist auch Angst ein mögliches Symptom, das durch beruflichen Stress entstehen kann.[16] Eine weitverbreitete Angst im Arbeitsumfeld ist die Sorge, den Erwartungen oder Anforderungen des Arbeitgebers oder der Kollegen nicht gerecht zu werden. Wenn einem zu viel Arbeit aufgebürdet wird, steigt die Sorge, ob man diesem Arbeitsdruck gewachsen ist und wichtige Aufgaben bis zu einer bestimmten Deadline erledigen kann.

In Unternehmen, in denen es keine gesunde Fehlerkultur gibt, haben Mitarbeiter Angst davor, Fehler zu machen. Sie sind sich nur allzu bewusst, dass dies schwerwiegende Konsequenzen haben könnte und dass der Vorgesetzte möglicherweise negativ darauf reagieren würde. Immer mehr Arbeitnehmer tragen eine hohe Verantwortung, und Fehler können verheerende Auswirkungen haben – von finanziellen Schäden bis hin zur Verantwortung für das Leben anderer Menschen.

Für jene, die im Vertrieb tätig sind, besteht die Angst darin, dass sie ihre Verkaufszahlen nicht erreichen und ihre Zielvorgaben nicht erfüllen. Für Menschen, die auf Provisionsbasis arbeiten, bedeutet das Nichterreichen der Ziele nicht nur einen Misserfolg, sondern auch weniger Geld auf dem Konto. Es ist nur allzu verständlich, dass sich manche dann Sorgen und Gedanken darüber machen, wie es weitergehen soll.

Angst kann auch auftreten, wenn man mit neuen Herausforderungen konfrontiert wird, wie zum Beispiel eine anstehende Präsentation. In solchen Situationen sorgt man sich, dass man vor lauter Nervosität scheitern wird und die eigene Arbeit oder Leistung negativ bewertet oder kritisiert wird. Die Angst, die Erwartungen nicht zu erfüllen oder Fehler zu machen, kann zu Selbstzweifeln und zu einem geringen Selbstwertgefühl führen.

Ein vielversprechender Weg, um deine Ängste zu überwinden und loszuwerden – egal, um welche es sich handelt –, ist, positive Referenzerfahrungen zu sammeln. Der Schlüssel liegt darin, bewusst durch die Angst hindurchzugehen.[17]

Und genau das bringt einen riesigen Vorteil mit sich. Denn jedes Mal, wenn du dich deinen Ängsten stellst, erlaubst du deiner Psyche zu erkennen, dass du mutig warst und immer noch am Leben bist oder dass die Situation nicht so schlimm war, wie du befürchtet hattest.

Nehmen wir als Beispiel, dass du von deinem Chef beauftragt wirst, auf einer Konferenz eine Rede zu halten. Als dir dies mitgeteilt wird, hast du bereits ein mulmiges Gefühl, und je näher der Tag heranrückt, desto schlechter wird deine Stimmung. Aber du weißt auch, dass dir nichts anderes übrigbleibt, als die Rede wie geplant zu halten. Du bereitest dich gründlich vor und tust im Vorfeld alles, was für ein Gelingen nötig ist. Wie geplant hältst du die Rede, und obwohl du zu Beginn sehr nervös bist, legt sich das rasch. Als du fertig bist, verlässt du stolz das Rednerpult. Entgegen deiner Erwartung war das einer der positivsten Tage in deiner Karriere – es war somit eine wertvolle positive Referenzerfahrung. Wenn du dich dieser Situation nicht ausgesetzt hättest, würde deine Angst immer weiter wachsen, und irgendwann könntest du fälschlicherweise davon überzeugt sein, dass du nicht dazu geeignet bist, Reden zu halten. Wenn du einen Beruf hast, in dem das Halten von Reden eine notwendige Voraussetzung ist, wäre das äußerst problematisch.

Positive Referenzerfahrungen helfen dir also, die hinderlichen Glaubenssätze hinter deiner Angst zu zerstören. Denn wenn du merkst, dass alles nicht so schlimm ist, erkennt auch deine Psyche, dass du nicht so viel Angst haben musst. Natürlich sind positive Referenzerfahrungen nicht die einzige Möglichkeit, um Ängste loszuwerden. Deshalb wirst du im zweiten Teil dieses Buches noch weitere Ideen und Impulse kennenlernen, wie du besser mit deiner Angst umgehen kannst. Es gibt verschiedene bewährte Techniken und Strategien, die dir dabei helfen können, deine Ängste zu bewältigen und ein erfülltes Leben mit mehr Gelassenheit zu führen. Besonders im Kapitel »Aus dem Gedankenkarussell aussteigen« findest du dazu wertvolle Informationen.

Schlafstörungen

Schlafstörungen sind eine äußerst häufige Folgeerscheinung von beruflichem Stress. Studien zeigen, dass 43 % der deutschen Bevölkerung davon betroffen sind, was die Relevanz dieses Themas verdeutlicht.[18] Auch in meinen Vorträgen und Workshops habe ich festgestellt, dass gerade, wenn es um Schlafstörungen geht, besonders großes Interesse und erhöhte Aufmerksamkeit seitens der Teilnehmer besteht. Wenn ich über dieses Thema spreche, beobachte ich, wie Personen, die zuvor gedanklich abwesend waren, plötzlich wieder präsent sind und ihre volle Aufmerksamkeit auf mich richten, in der Erwartung, endlich eine Antwort auf ihre Frage zu finden, wie sie ihre Schlafstörungen erfolgreich überwinden können. Ich nutze dann die Gelegenheit, um die wesentlichen Punkte zu präsentieren, die bei der Bekämpfung von Schlafstörungen helfen können. In erster Linie ist es immer wichtig, falls noch nicht geschehen, einen Arzt aufzusuchen und sich beraten zu lassen. Sobald dies passiert ist, kann man weiterführende Maßnahmen in Erwägung ziehen. Da ich auch selbst einige Zeit von Schlafstörungen betroffen war, möchte ich mich zu diesem Thema auch in persönlicher Hinsicht äußern. Obwohl ich anfangs keinen konkreten Plan hatte, wie ich wieder zu einem normalen Schlaf finden konnte, ist es mir im Laufe der Zeit und nach intensiver Recherche und Arbeit an mir selbst gelungen, diese Herausforderungen erfolgreich zu bewältigen. Es ist mir ein Herzensanliegen, diese Lösungen weiterzugeben, da ich fest davon überzeugt bin, dass sie vielen Menschen helfen werden.

Bevor ich hier jedoch auf die Strategien zur Bekämpfung von Schlafstörungen eingehe, wollen wir zunächst einen Blick darauf werfen, wie sie entstehen und was zu Schlaflosigkeit führen kann. Es gibt verschiedene Faktoren, die zu Schlafstörungen führen können, wobei Stress im beruflichen Umfeld zu den häufigsten Auslösern zählt.[19] Der Grund, wieso beruflicher Stress zu Schlafstörungen führt, liegt auf der Hand und kann wie folgt erklärt werden: Wenn wir uns überfordert fühlen, Deadlines einhalten müssen oder uns Sorgen über unsere Leistung machen, kann dies zu einem anhaltenden Gefühl von Anspannung und Nervosität führen, was wiederum den Schlaf beeinträchtigen kann. Negative Gedanken und Ängste lassen uns abends schwerer abschalten und können auch den Schlaf stören, da wir uns nicht entspannen können. Sind wir aufgekratzt, führt das häufig dazu, dass wir trotz starker Müdigkeit nicht mehr einschlafen können. Hier ist es wichtig zu differenzieren, denn ich habe mit zahlreichen Menschen gesprochen, denen das Einschlafen schwerfällt. Es gibt jedoch mindestens genauso viele Menschen, die zwar rasch einschlafen können, im Verlauf der Nacht aber aufwachen und dann wach liegen. Das bedeutet, dass diese Personen bereits einige Stunden geschlafen haben, aber plötzlich gegen drei, vier oder fünf Uhr aufwachen und dann Schwierigkeiten haben, erneut einzuschlafen. Falls du von Schlafstörungen betroffen bist, in welche Kategorie würdest du dich einordnen? Schläfst du zügig ein und wachst dann nachts unerwartet auf, oder findest du das Einschlafen schwierig und schläfst dafür tief und fest, wenn du erst einmal eingeschlafen bist?

Sowohl Einschlaf- als auch Durchschlafschwierigkeiten werden größtenteils durch Stress ausgelöst. Diese Tatsache ist vielen bekannt, sie wissen jedoch nicht, wie sie ihre Symptome erfolgreich bekämpfen können. Es gibt zahlreiche

Bücher mit Tipps, die dabei helfen können, Schlafstörungen zu bewältigen; der Schwerpunkt liegt dabei oft auf Schlafhygiene. Bei Schlafhygiene geht es um eine Reihe von Verhaltensweisen und Gewohnheiten, die darauf abzielen, eine gute Schlafqualität und ein gesundes Schlafmuster zu fördern. Dazu gehören das Einhalten regelmäßiger Schlafenszeiten, das Schaffen einer angenehmen Schlafumgebung oder eine regelmäßige körperliche Aktivität untertags. Ich möchte mich in diesem Buch jedoch nicht weiter mit Schlafhygiene beschäftigen. Denn zum einen kann man diese Informationen ganz einfach über Google abrufen, und zum anderen sind diese Maßnahmen zwar empfehlenswert, wirken aber nicht bei jedem. Bist du von Schlafstörungen betroffen, dann ist eine gute Schlafhygiene eine wesentliche Voraussetzung, um das eigene Schlafverhalten zu verbessern. Ohne das wird es schwer sein, Fortschritte zu erzielen. Dennoch sollte man sich nicht ausschließlich auf das Thema Schlafhygiene beschränken.

Denn ein entscheidender Punkt bleibt dabei ungeklärt: Unsere Gedanken, Psyche und Empfindungen spielen eine äußerst wichtige Rolle im Zusammenhang mit unserem Schlafverhalten. Daher ist es von entscheidender Relevanz, an unseren Gedanken zu arbeiten.

Um langfristig erholsamen und nachhaltigen Schlaf zu finden, ist es empfehlenswert, sich auch mit dem Thema Akzeptanz auseinanderzusetzen. Kurz gesagt bedeutet das, die eigenen Schlafprobleme fürs Erste anzunehmen, um sie später aus der Welt zu schaffen.[20]

»Das sogenannte Änderungsparadox besagt: Du kannst nur die Dinge verändern, die du zuvor angenommen hast. Was wir nicht zulassen und annehmen können, dagegen kämpfen wir. Aber dadurch wird es nicht

schwächer, ganz im Gegenteil: Was wir ablehnen, wird durch unsere Ablehnung nur noch stärker.«
Andreas Knuf

Es ist verständlich, dass viele nicht genau wissen, wie sie etwas akzeptieren sollen, das sie nicht haben möchten. Wie sollte das möglich sein? Um Klarheit zu schaffen, werde ich dieses Thema daher noch genauer erläutern. Darüber hinaus möchte ich dir von Wegen erzählen, wie du aus dem nächtlichen Gedankenkarussell aussteigen kannst. Indem wir uns mit diesen Aspekten beschäftigen, kannst du zu einer tieferen Entspannung gelangen, und dein Geist wird zur Ruhe kommen, was wiederum einen positiven Einfluss auf deine Schlafqualität haben wird.

Du kannst nicht schlafen, wenn du schlafen willst

Kennst du das? Du liegst im Bett, wälzt dich von einer Seite auf die andere, kannst aber einfach nicht einschlafen. Die Gedanken kreisen unermüdlich, und der Schlaf scheint in weiter Ferne zu sein. Du blickst auf die Uhr und bemerkst, dass die Zeit bis zum Aufstehen immer kürzer wird. Je weiter die Nacht fortschreitet, desto größer wird der Ärger darüber, dass du nicht einschlafen kannst, und du versuchst verzweifelt, dich willentlich zum Schlafen zu zwingen. »Das kann doch nicht so schwer sein«, denkst du dir frustriert. Du machst dir zunehmend Sorgen, wie du den nächsten Tag überstehen sollst. Selbst mit einer gesunden Portion Schlaf ist die Bewältigung des Alltags bereits eine große Herausforderung. Wie soll das dann erst ohne ausreichenden Schlaf gehen?

Während dich die Gedanken an die Arbeit plagen und du die To-do-Liste für den nächsten Tag durchgehst, kommen plötzlich auch deine privaten Sorgen wieder hoch. Und schneller, als du es erwartest, versinkst du in einem Strudel von Gedanken und tiefer Verzweiflung. »Jetzt muss ich aber wirklich schlafen, es bleibt nicht mehr viel Zeit«, denkst du dir, als du wieder einmal auf die Uhr siehst. Dieser Gedanke ist naheliegend und nachvollziehbar, jedoch liegt hier auch der Hund begraben. Je häufiger dieser Gedanke in deinem Geist präsent ist, desto schwieriger wird es für dich, Schlaf zu finden. Denn du kannst nicht schlafen, wenn du bewusst danach strebst. Im Umkehrschluss bedeutet das wiederum, dass du erfolgreich einschlafen wirst, wenn du nicht bewusst nach Schlaf suchst. Das liegt daran, dass Schlaf ein unbewusster Prozess ist und es daher wichtig ist, das Gegenteil von dem zu tun, was du erreichen möchtest. In diesem Fall bedeutet es zu akzeptieren, dass du gerade nicht schlafen kannst. Ganz egal, ob du anfänglich nicht einschlafen kannst oder mitten in der Nacht aufwachst und danach keinen Schlaf mehr findest, versuche nicht, dich zum Schlafen zu zwingen. Sondern sag zu dir selbst: »Es ist in Ordnung, wenn ich nicht schlafen kann. Ich akzeptiere es und ruhe mich in der Zwischenzeit einfach aus. Allein die Tatsache, ruhig im Bett zu liegen und sich auszuruhen, wird es mir ermöglichen, den nächsten Tag zu bewältigen.« Ganz anders verhält es sich bei Prozessen, die bewusst gesteuert werden können. Wenn du beispielsweise abnehmen möchtest, kannst du mehr Sport treiben und deine Ernährung umstellen. Diesen Prozess kannst du aktiv lenken, und wenn du konsequent dabeibleibst, wird es auch funktionieren.

Dieses Beispiel habe ich angeführt, um dir den Unterschied zwischen einem bewussten und einem unbewussten Prozess deutlich zu machen und dir zu vermitteln, dass der Schlaf zu den unbewussten Prozessen gehört. Es ist nicht möglich, den Schlaf bewusst zu kontrollieren. Daher werden wir automatisch einschlafen, sobald wir aufhören, um den Schlaf zu kämpfen, und ihn einfach geschehen lassen. Der Beweis dafür, dass Schlafen ein unbewusster Prozess ist, lässt sich auch bei Personen finden, die keinerlei Schwierigkeiten haben, einzuschlafen oder durchzuschlafen. Fragst du diese, wie es ihnen gelingt, jede Nacht so gut zu schlafen, werden sie dir keine konkrete Antwort geben können. Sie werden eher etwas in der Richtung sagen wie: »Wenn ich müde bin, lege ich mich ins Bett und schließe meine Augen.« Kurz darauf befinden sie sich bereits im Land der Träume, ohne genau zu wissen, wie sie dort hingelangt sind. Von diesen Personen können sich Menschen mit Schlafproblemen etwas abschauen. Es ist wichtig, ohne Erwartungen ins Bett zu gehen, sich einfach hinzulegen und die Augen zu schließen. Das Ziel sollte nicht sein, im Bett auf den Schlaf zu warten – das ist der falsche Ansatz. Wenn der Schlaf einen überkommt, ist das schön. Wenn nicht, ist das auch kein Problem. Dann liegt man einfach da und entspannt sich. Der Vorteil besteht darin, dass Menschen, die verinnerlicht haben, dass der Schlaf nicht aktiv gesucht werden kann, ihre Schlafprobleme vollständig überwunden haben. Der Ärger darüber, nicht schlafen zu können, ist verschwunden, und dies ermöglicht einen angenehmen Zustand der Entspannung, der einen geradewegs einschlafen lässt. Natürlich geschieht dies nicht von heute auf morgen, und es braucht Zeit, bis man das verinnerlicht hat. Zudem ist es notwendig, an der Akzeptanz zu arbeiten, was in den folgenden Kapiteln genauer erläutert wird.

Angst vor dem nächsten Tag

Schlafstörungen sind häufig mit der Angst verbunden, den nächsten Tag nicht erfolgreich überstehen zu können. Viele befürchten, dass sie ohne ausreichenden Schlaf ihrer Arbeit nicht nachgehen können. Einige haben womöglich am nächsten Tag auch etwas Wichtiges vor und hätten gerne, dass sie dann auch ausgeschlafen sind. Ungeachtet dessen, wie dein kommender Tag aussehen mag, ist es wichtig, die Angst vor der Schlaflosigkeit loszulassen.

Du musst verinnerlichen, dass du alles schaffen kannst, auch ohne ausreichenden Schlaf. Der Mensch ist viel stärker, als häufig vermutet wird. Um dir zu zeigen, dass alles möglich ist, werde ich einige Beispiele anführen. Aus zahlreichen Studien weiß man, dass man seine Ängste überwinden kann, indem man durch diese hindurchgeht. Daher ist es von großer Bedeutung, einige Tage ohne ausreichenden Schlaf zu sammeln. Du wirst feststellen, dass es angenehmere Erfahrungen gibt, als trotz Schlafmangel den Alltag zu bestreiten, aber letztendlich ist alles machbar.

Sobald du erkennst, dass es möglich ist, wirst du dir während des nächtlichen Gedankenkarussells keine Sorgen mehr darüber machen. Zur Veranschaulichung möchte ich dir eine persönliche Geschichte aus der Zeit erzählen, als meine Schlafproblematik ihren Höhepunkt erreicht hatte. Vor einigen Jahren wurde ich für eine Vortragsreihe mit Ganztagsseminaren gebucht. Solche Tage erfordern eine deutlich höhere Konzentration als ein gewöhnlicher Büro- oder Außendiensttag. Es ist äußerst anstrengend, den ganzen Tag vor dem Vortragspult zu stehen und Präsentationen durchzuführen. Es wird dich also nicht überraschen, dass es für mich von besonderer Bedeutung war, ausgeschlafen zu sein. Aber gerade weil es mir so wichtig war, einen guten Schlaf zu finden, gelang es mir nicht einzuschlafen. Hinzu kam noch, dass ich am darauffolgenden Tag sehr früh aufstehen musste und die Nacht somit von vornherein um einiges kürzer ausfiel als gewohnt.

Der Morgen brach an, und ich konnte gerade einmal eine Stunde Schlaf auf meinem »Schlafkonto« verbuchen. Ich wusste nicht, wie ich den Tag überstehen sollte. Wie sollte ich den Mitarbeitern etwas über Stressbewältigung und Resilienz erzählen, wenn ich selbst am Ende meiner Kräfte war? Diese Gedanken gingen mir durch den Kopf, während ich in den Spiegel schaute. Ich hatte tiefe Augenringe und hätte kaum schlimmer aussehen können, aber schwerwiegender waren mein erschöpfter Zustand und meine gedrückte Stimmung. Der absolute Tiefpunkt war erreicht.

Nach einigen verzweifelten Minuten riss ich mich zusammen und beschloss, mein Bestes zu geben. Ich rief mir Szenarien ins Gedächtnis, in denen es anderen Menschen gelungen war, noch viel mehr ohne ausreichenden Schlaf zu bewältigen. Wenn Ärzte in 24-Stunden-Schichten ohne ausreichenden Schlaf Menschen behandeln und Krankheiten heilen können oder zahlreiche Schichtarbeiter nur wenig Schlaf bekommen, dann bin auch ich in der Lage, das zu bewältigen. Meine Gedanken richteten sich auch an Einsatzkräfte in Katastrophengebieten, die mehrere Tage durcharbeiten müssen, ohne dazwischen schlafen zu können. Diese tapferen Menschen setzen sich tagelang ununterbrochen für die Rettung anderer ein und begeben sich selbst in Gefahr, weil sie genau wissen, dass jede Stunde, die sie mit Schlafen verbringen, anderen das Leben kosten könnte. Auch Sportler sind davon betroffen, wobei der Unterschied zugegebenermaßen darin liegt, dass sie sich dem Schlafdefizit freiwillig aussetzen. Dabei musste ich an meinen Vater denken, der, als ich noch klein war, an 24-Stunden-Läufen teilnahm. Ja, er blieb 24 Stunden lang auf den Beinen und hatte nur eine kurze Ruhepause in der Nacht. Wenn mein Vater 24 Stunden ohne ausreichenden Schlaf laufen konnte, dann werde ich wohl acht Stunden ohne ausreichenden Schlaf aufrecht stehen können, dachte ich mir.

Plötzlich war ich davon überzeugt, dass ich es schaffen würde. Ich war entschlossen, und nichts konnte mich aufhalten. Und tatsächlich meisterte ich den Tag letztendlich erfolgreich. Obwohl ich zwischendurch körperliche Schwäche verspürte und mit meinem Kreislauf zu kämpfen hatte, gelang es mir durchzuhalten. Ich nahm in jeder Pause ausreichend Flüssigkeit zu mir und hielt meinen Blutzuckerspiegel durch mehrere über den Tag verteilte kleine Mahlzeiten konstant auf einem guten Level. Das Seltsame dabei war, dass dieser Tag den Seminarteilnehmern besonders gut gefiel. Anscheinend gab ich mir noch mehr Mühe als an anderen Tagen, oder vielleicht wirkte ich aufgrund meines Schlafmangels auch erfrischend aufgekratzt. Aus welchen Gründen auch immer, an diesem Tag gab es besonders viel positives Feedback. Einige Tage später erhielt ich zudem ein wertschätzendes E-Mail mit Dankesworten von meinem Auftraggeber.

Mir wurde Folgendes bewusst: Meine Leistung hängt nicht zwangsläufig von meinem Schlaf ab, und aus diesem Grund fiel es mir leichter, meine Schlafprobleme zu akzeptieren. Denn es gab Tage, an denen ich wunderbar ausgeschlafen und in großartiger Stimmung war, und trotzdem gab es Kritik oder etwas lief schief. Ob ein Tag erfolgreich ist oder nicht, hängt also nicht ausschließlich vom Schlaf, sondern auch von vielen anderen Faktoren ab. Diese wertvolle Erfahrung, selbst ohne ausreichenden Schlaf großartige Leistungen erbringen zu können, war für mich von großer Bedeutung.

Auch wenn mir das selbst nie passiert ist – ich habe Menschen kennengelernt, die in einer Nacht kein Auge zugetan oder über mehrere Nächte hinweg nur sehr wenig geschlafen haben und den nächsten Tag erfolgreich gemeistert haben. Der Mensch ist zu so viel mehr fähig, als er glaubt. Ein ehemaliger Offizier hat mir von etwas berichtet, was er während seiner Ausbildung gelernt hat: Wenn du am absoluten Tiefpunkt angekommen bist, wenn du denkst, dass du nicht mehr weiterkannst, weil du am Limit bist, gibt es immer noch eine Reserve von 30 %. Vergiss niemals, dass jeder Mensch quasi ein Notstromaggregat eingebaut hat. Wenn es zu einem Stromausfall kommt, hast du immer noch Energiereserven zur Verfügung.[21] Da ich keinerlei Verbindungen zum Militär habe, kann ich diese Aussage nicht verifizieren, und ob die genannte Prozentangabe tatsächlich der Wahrheit entspricht, bleibt fraglich. Es ist jedoch allgemein bekannt, dass das Militär Erfahrungen mit Schlafentzug hat, sei es in Ausbildungs- und Übungssituationen, jedoch sicher auch in Kriegssituationen und anderen ernsten Fällen.

Auch viele Extremsportler berichten von ähnlichen Grenzerfahrungen, wie ich bereits in zahlreichen Interviews gehört habe. Wenn du denkst, dass du körperlich am Ende bist, dann bist du noch lange nicht am Ende angekommen. Du kannst viel mehr Leistung erbringen, als auf den ersten Blick möglich zu sein scheint.

Tage ohne ausreichenden Schlaf sammeln

»Von zwei schlaflosen Nächten stirbt man nicht. Am Ende holt sich der Körper den Schlaf, den er braucht.«

Dr. Carolin Marx-Dick,
Psychotherapeutin für Schlafgesundheit

Eine effektive Methode, um Schlafstörungen zu überwinden, besteht darin, sie zu akzeptieren, wie ich bereits beschrieben habe. Erst wenn du feststellst, dass du auch ohne ausreichenden Schlaf deinen Tag bewältigen kannst und nichts weiter geschieht, außer dass du erschöpft und schlecht gelaunt bist, wirst du begreifen, dass du in der Lage bist, jeden Tag zu meistern. Erst dann kannst du dich abends ins Bett legen und dir sagen: »Es ist mir egal, ob ich schlafen werde.«

Nachdem du diese Überlegung verinnerlicht hast, wirst du paradoxerweise so gut schlafen können wie schon lange nicht mehr, denn in diesem Fall hast du deine Schlafstörungen akzeptiert. Genau das ist das Ziel der Akzeptanz- und Commitmenttherapie (ACT) – die radikale Akzeptanz.[22] *ACT geht davon aus, dass der Versuch, Schmerzen oder Leiden zu vermeiden, diese nicht mindert, sondern im Gegenteil verstärkt, so wie es bei Schlafstörungen der Fall sein kann.*

Ich habe mit zahlreichen Menschen gesprochen, die alles versucht haben, um ihre Schlafstörungen endlich loszuwerden, angefangen bei einer neuen Spezialmatratze bis hin zu einem täglichen ausgedehnten Spaziergang. Und dennoch konnten sie nicht schlafen. Wenn man die Schlafstörungen jedoch akzeptiert, so gut wie möglich damit lebt und für eine gewisse Zeit ein Schlafdefizit in Kauf nimmt, scheinen sie sich auf magische Weise in nichts aufzulösen.

Eine weitere Behandlungsform in der Verhaltenstherapie beinhaltet nicht nur die Akzeptanz eines Schlafdefizites, sondern sogar die gezielte Herbeiführung eines solchen, um den Druck für einen erholsamen Schlaf zu erhöhen. Fachexperten nennen dies Schlafrestriktion oder Schlafkompression. Patienten wird dazu geraten, in der Nacht nur ein bestimmtes Stundenkontingent zu schlafen. Anschließend sollen sie den nächsten Tag über wach bleiben. Dieser Prozess erfordert Zeit und sollte ausschließlich unter ärztlicher Aufsicht erfolgen. Zudem ist es ratsam, ein Schlaflabor aufzusuchen, um im Vorfeld bestimmte Untersuchungen durchführen zu lassen. Der Vorteil dieser Methode liegt jedoch ganz klar auf der Hand: Studien zeigen, dass die Therapie wirkt und nachhaltig zu einem erholsamen Schlaf führt.[23]

Die Schlafrestriktion funktioniert auf folgende Weise: Anfangs sind nur wenige Stunden Schlaf am Stück erlaubt; dann wird die Schlafdauer über einen bestimmten Zeitraum hinweg allmählich verlängert. Durch den steigenden Schlafdruck infolge der Schlafrestriktion verkürzt sich die Einschlafdauer erheblich. Die Schlafrestriktion erfordert jedoch auch, tagsüber mit unzureichendem Schlaf auszukommen. Es ist keinesfalls erlaubt, während des Tages zu schlafen. Dieser Prozess führt dazu, dass Ängste oder der Ärger über den geringen Schlaf automatisch abnehmen, da man sich an den wenigen Schlaf gewöhnt. Wie bereits in den vorherigen Kapiteln beschrieben, stellt dies eine effektive Methode dar, um Ängste zu überwinden und ihnen mutig entgegenzutreten. Es erfordert Tapferkeit und Entschlossenheit, sich den unangenehmen Gefühlen zu stellen. Aber nur auf diesem Weg können wir innere Stärke entwickeln, unsere Grenzen erweitern und letztendlich unsere Ängste hinter uns lassen. Mit anderen Worten: Es handelt sich hierbei um die bereits erwähnte positive Referenzerfahrung und um Akzeptanz. Die Akzeptanz eröffnet uns neue Perspektiven und ermöglicht es uns, unsere Energie auf konstruktive Lösungen zu lenken und uns nicht im Widerstand gegen die Realität zu verlieren.

Mit dieser Akzeptanz gelang es auch mir, meine Schlafstörungen wieder loszuwerden. Solange ich mich im Widerstand befand und dieses Problem nicht akzeptieren wollte, bestand es weiter. Es löste sich erst auf, als ich loslassen konnte und mich in Akzeptanz übte. Ich hoffe, meine persönliche Geschichte zum Thema Schlaf hat dir ein Stück weitergeholfen. Falls du weitere Informationen zu Schlaf und Akzeptanz suchst, kann ich dir neben einer ärztlichen und therapeutischen Konsultation auch das Buch »Schlaf gut! Das Geheimnis erholsamer Nachtruhe« des Schlafphysiologen Guy Meadows wärmstens empfehlen.[24] Dort gibt es weitere hilfreiche Tipps, um Schlafstörungen zu überwinden.

Aus dem nächtlichen Gedankenkarussell aussteigen

Es gibt Menschen, die keine klinisch diagnostizierte Schlafstörung haben, aber dennoch an manchen Tagen Schwierigkeiten haben einzuschlafen, da ihre Gedanken nicht zur Ruhe kommen, sie gestresst sind oder etwas sie gerade belastet. Um aus dem nächtlichen Gedankenkarussell auszusteigen, ist es wichtig zu wissen, dass wir in der Nacht alles negativer wahrnehmen, als es tatsächlich ist. Die Gedanken beginnen sich um ein bestimmtes Problem zu drehen. In dieser Situation erscheint die Angelegenheit plötzlich sehr belastend und viel schwerwiegender als am Tag. Doch nach dem Aufwachen verändert sich dies wieder: Die Sorgen sind in der Regel nur noch halb so schlimm und bald schon verschwunden. Was ist aber der Grund dafür, dass wir nachts alles so viel dramatischer sehen als am Tag? Es wird angenommen, dass dies mit dem erhöhten Melatoninspiegel zusammenhängt. Die verstärkte Ausschüttung des Hormons Melatonin versetzt den Organismus in einen Ruhezustand und entfaltet seine wohltuende Wirkung. Wenn wir in dieser Zeit jedoch wach sind, dämpft der erhöhte Melatoninspiegel die Stimmung.[25] Viele Menschen fühlen sich depressiv und können daher aus ihrem Gedankenkarussell nicht aussteigen. Wenn du dich also in Zukunft im Bett hin und her wälzt und dir ein Problem Sorgen bereitet, versuche dir bewusst zu machen, dass der Hormonhaushalt daran schuld ist. Es ist wahrscheinlich, dass die Welt bei Tageslicht schon wieder viel besser aussehen wird. Womöglich hast du das auch schon erlebt und weißt aus eigener Erfahrung, dass du am nächsten Tag alles mit anderen Augen sehen wirst. »Warum habe ich mich denn gestern so hineingesteigert?«, wirst du dir vielleicht denken.

Wenn man sich in der Nacht bewusst macht, dass die schlechte Stimmung hormonell erklärt werden kann und das Problem am nächsten Tag mit Sicherheit schon viel kleiner wirkt, sorgt das bestimmt für Beruhigung. Man kann wieder durchatmen und sich entspannen, was sich wiederum positiv auf das eigene Schlafverhalten auswirkt. Wenn du also gerade aus einer Mücke einen Elefanten machst, kannst du beruhigt sein: Am nächsten Tag wird der Elefant wieder automatisch zu einer Mücke.

Eine weitere Möglichkeit, um aus dem Gedankenkarussell auszusteigen, besteht darin, aktiv nach Lösungen für das Problem zu suchen, über das du gerade grübelst. In einigen Fällen kann es hilfreich sein aufzustehen, ein Blatt Papier zu nehmen und aufzuschreiben, welche Schritte du am nächsten Tag unternehmen kannst, um das Problem zu lösen. Anderen reicht es, im Bett zu bleiben und in Gedanken nach

Lösungen zu suchen. Kannst du Aufgaben delegieren, abgeben oder deinen Arbeitsalltag auf irgendeine Weise verbessern? Was kannst du unternehmen, um dein Problem wieder loszuwerden oder zumindest kleiner zu machen?

Natürlich liegen Probleme oft außerhalb deines direkten Einflussbereiches, aber selbst bei solchen Problemen kannst du Maßnahmen ergreifen. Frage dich, was du selbst tun kannst und welche Handlungsmöglichkeiten du hast. Was hast du selbst in der Hand? Es ist oft eine Herausforderung herauszufinden, was wir selbst tun können. Dennoch sollten wir uns bewusst sein, dass wir immer etwas tun können. Wir haben mehr Einfluss, als wir manchmal denken. In der Nacht mag unsere Handlungsfreiheit zwar eingeschränkt sein, und wir werden wahrscheinlich nichts Weltbewegendes erreichen. Dennoch können wir Pläne schmieden und sie zu Papier bringen. Dieser Prozess ist entscheidend, um die Kontrolle zurückzugewinnen. Selbst wenn du die aufgeschriebenen Punkte noch nicht umgesetzt hast, werden sie dir sofortige Erleichterung verschaffen. Wenn dich dieser Punkt interessiert, wirst du dazu im Unterkapitel »Verändern da, wo wir können« praktische Umsetzungsmöglichkeiten finden. Abschließend empfehle ich dir, dich etwas abzulenken, bevor du dich wieder ins Bett legst. Eventuell liest du ein paar Seiten in einem Buch oder schaust dir eine langweilige Serie auf Netflix an. Auch Meditations- und Entspannungsübungen wie Atemtechniken können dir rasch Ruhe verschaffen. Es ist egal, was du tust – es sollte bloß nichts Aufwühlendes sein.

Panikattacken

Obwohl ich als Arbeitspsychologin nur die erste Ansprechperson vor Ort bin und keine Therapie mit den Mitarbeitern durchführe, ist es mir wichtig, ihnen den ersten Schrecken und die Angst vor Panikattacken zu nehmen.

Ich kann gut nachvollziehen, wie stark verunsichert die Betroffenen sind, wenn sie unerwartet von einer Panikattacke überwältigt werden. Dennoch ist das keineswegs ein Weltuntergang, denn viele Menschen haben im Laufe ihres Lebens irgendwann eine Panikattacke. Diese tritt niemals einfach so auf. Es gibt stets einen Grund, warum der Körper diese intensiven Empfindungen zeigt. Menschen, die unter Panikattacken leiden, haben sich häufig über einen längeren Zeitraum hinweg nicht ausreichend um ihr eigenes Wohlbefinden gekümmert. Oft sind sie über einen längeren Zeitraum hinweg einer übermäßigen Arbeitsbelastung ausgesetzt oder nehmen mehr auf sich, als sie bewältigen können. Sie setzen exakt das um, was von ihnen erwartet wird, selbst wenn es übermenschliche Leistungen erfordert. Sie bleiben hartnäckig und kämpfen weiter, solange es möglich ist. Es fällt ihnen schwer, Nein zu sagen. Selbstfürsorge ist für sie ein weitgehend unbekanntes Konzept, stattdessen wollen sie anderen alles recht machen. Bereits in der Kindheit wurde ihnen der Satz »Ein Indianer kennt keinen Schmerz« eingetrichtert, der sie bis ins Erwachsenenalter begleitet. Eine gewisse Zeit lang hält der Körper dieser Belastung stand, bei manchen etwas länger, bei anderen ist schneller der Ofen aus. Früher oder später äußert sich die Überlastung dann in Form von Panikattacken.

Damit möchte ich keineswegs behaupten, dass jeder, der überlastet ist, anfällig für Panikattacken ist. Es gibt zahlreiche Menschen, die trotz Überlastung niemals eine Panikattacke erleben werden. Für jene, die von Panikattacken betroffen sind, sollte dies aber Anlass sein, sich intensiver mit den Hintergründen dieser Attacken auseinanderzusetzen. Im Grunde genommen signalisiert dein Körper dir damit lediglich, dass in deinem Leben etwas nicht stimmt. Irgendwo muss eine Veränderung stattfinden. Wenn wir weiterhin wegsehen, wird der Körper sagen: »Nein, so geht es nicht weiter. Ich habe genug davon.« Solange wir das nicht begreifen, wird er einfach weiterhin entsprechend reagieren. Panikattacken können uns daher verdeutlichen, dass etwas nicht im Einklang ist und Veränderungen nötig sind. Sie sind Warnsignale, die uns darauf aufmerksam machen, dass wir uns möglicherweise in einer Situation befinden, die uns überfordert oder belastet. Anstatt Panikattacken als bloße Störung oder Hindernis zu betrachten, können wir sie als Chance zur Selbsterkenntnis und zur persönlichen Entwicklung nutzen. Sie fordern uns auf, uns mit unseren Ängsten und Sorgen auseinanderzusetzen und herauszufinden, welche Veränderungen in unserem Leben nötig sind, damit wir uns wieder ausgeglichener und zufriedener fühlen. Um Panikattacken zu bewältigen, ist es nicht immer notwendig, drastische Maßnahmen zu ergreifen. Man muss also nicht unbedingt den Job oder die Position wechseln, wenn die Panikattacken damit in Verbindung stehen. In vielen Fällen genügt es, kleine Maßnahmen umzusetzen. Die einzige Voraussetzung ist, überhaupt etwas zu tun. Wenn man nichts tut und nicht für sich selbst einsteht, werden die Panikattacken nicht verschwinden. Im Gegenteil, sie könnten sogar vermehrt auftreten.

Denn der Körper lässt sich nicht überlisten. Er wird so lange mit Panikattacken reagieren, bis du etwas in deinem Leben veränderst. Sobald du anfängst, an dir und deinem Leben zu arbeiten, werden die Panikattacken zuerst seltener und später dann gar nicht mehr auftreten.

Damit es zu dieser positiven Entwicklung kommt, ist es von großer Bedeutung, Veränderungen an der richtigen Stelle vorzunehmen. Das bedeutet, das Problem tatsächlich an der Wurzel anzugehen. Halbherzige Maßnahmen helfen nicht. Menschen, die Panikattacken haben und beschließen, einmal in der Woche zum Yoga zu gehen, werden keine Besserung finden. Yoga ist vielleicht eine unterstützende oder ergänzende Maßnahme, es wird aber bestimmt nicht ausreichen, um das Problem zu bewältigen.

Angst vor Panikattacken

Viele Menschen, die einmal eine Panikattacke hatten, haben Angst, dass sich das wiederholt. Denn eine Panikattacke wird als besonders belastend empfunden. Betroffene beschreiben Momente des Grauens, in denen sie intensive Angst oder eine starke innere Unruhe verspüren. Während einer Panikattacke fühlt sich die Angst häufig überwältigend und außer Kontrolle an. Es kann ein starkes Gefühl der Bedrohung oder des drohenden Untergangs auftreten. Panikattacken gehen auch häufig mit einer Reihe unangenehmer körperlicher Empfindungen einher, wie schneller Herzschlag, schnellere Atmung oder Atemnot. Viele Menschen erleben während einer Panikattacke auch das Gefühl, die Kontrolle über sich selbst oder ihre Umgebung zu verlieren. Auch wenn die Symptome einer Panikattacke stark variieren können, berichten alle Betroffenen von sehr unangenehmen Gefühlen. Die meisten Menschen würden behaupten, dass das Gefühl während einer Panikattacke so quälend ist, dass sie es niemals wieder erleben möchten. Aus diesem Grund quält die Betroffenen nach dem ersten Auftreten einer Panikattacke die Sorge, dass weitere Attacken folgen könnten. Diese Angst kann das Leben erheblich beeinträchtigen und zu einem kontinuierlichen Gefühl der Unsicherheit führen. Die Betroffenen fürchten sich so sehr vor weiteren Panikattacken, dass die Angst vor der Angst selbst zu einem Problem wird und einen Teufelskreis in Gang setzt. Es ist daher äußerst wichtig, aus diesem Teufelskreis auszubrechen und die Angst vor der Angst zu verlieren. Um die Angstsymptome zu überwinden, muss man wissen, dass eine Panikattacke im Durchschnitt nicht lange anhält. Denn häufig neigen wir dazu, die Dauer einer Panikattacke zu überschätzen, weil unangenehme Situationen uns länger vorkommen als lustige oder positive Erlebnisse. Die subjektive Wahrnehmung der Zeit während einer Panikattacke kann somit oft verzerrt sein, sodass die Attacke den Betroffenen länger vorkommt, als sie tatsächlich ist. Im Durchschnitt dauert eine Panikattacke zwischen zehn und 30 Minuten.[26] Natürlich kann diese Zeitspanne von Mensch zu Mensch variieren. Sich bewusst zu machen, wie kurz eine durchschnittliche Panikattacke tatsächlich dauert, stellt den ersten Schritt zur Besserung dar. Denn aus dieser Erkenntnis ergeben sich zwei wichtige Botschaften.

Erstens: Jede Panikattacke geht vorüber. Wenn du also das nächste Mal von Panikgefühlen überfallen wirst, musst du dir keine Sorgen machen, denn du weißt, dass diese Gefühle nur von kurzer Dauer sind. Du kannst die Zeitspanne sogar verkürzen, indem du dich bewusst ablenkst und irgendeiner Tätigkeit nachgehst. Es spielt dabei keine Rolle, was genau du tust oder an welchem Ort du dich befindest, denn die Panikattacke wird vorübergehen. Keine Panikattacke hält ewig an. Du weißt, dass sie enden wird und du dich danach besser fühlen wirst. Die zweite Erkenntnis liegt im Ausgang einer Panikattacke. Man muss sich bewusst machen, dass während der Panikattacke nichts passiert, abgesehen davon, dass unangenehme Gefühle auftreten. Weil es so entscheidend ist, möchte ich diesen Fakt noch einmal besonders hervorheben: Wenn du an Panikattacken leidest, ist dies sehr unangenehm, aber es passiert nichts. Rein gar nichts. Die Emotionen sind zwar heftig, aber im Grunde ist jede Attacke absolut harmlos. Auch die kurze durchschnittliche Dauer einer Panikattacke ist im Vergleich zu anderen Erkrankungen ein großer Vorteil. Ich ziehe gerne einen Vergleich zu Menschen, die unter starken Schmerzen leiden. Menschen, die den ganzen Tag über, manche sogar über mehrere Tage, Wochen oder Monate hinweg von intensiven Schmerzen geplagt sind, würden alles dafür tun, um diese Schmerzen nur zehn bis 30 Minuten zu empfinden. Denke daran, wenn du das nächste Mal eine Panikattacke hast. Keine Frage, sie fühlt sich grausam an – aber sie geht wieder vorüber. Wenn du dir das während einer Panikattacke bewusst machst, wird dich das sehr beruhigen.

Eine weitere Möglichkeit, um deine Panikattacken zu überwinden, besteht darin, sie als einen neuen Gefühlszustand in deinem Körper zu akzeptieren. Man könnte es zum Beispiel mit Traurigkeit vergleichen. Menschen, die traurig sind, drücken ihre Traurigkeit oft durch Weinen aus. Natürlich kann man den Tag besser nutzen, als zu weinen und sich der Traurigkeit zu ergeben. Doch niemand würde zu einem Therapeuten gehen und sagen: »Wow, gestern ist mir etwas Schlimmes passiert – ich musste weinen. Ich mache mir große Sorgen, was passiert, wenn ich wieder weinen muss.« Niemand würde das tun. Die Menschen würden eher zum Therapeuten gehen und von ihrer tiefen Traurigkeit berichten, ihnen erzählen, warum sie so traurig sind oder was sie so traurig macht. Aber niemand hat Angst vor dem Weinen, während viele Angst vor einer Panikattacke haben. Also, wenn du eine Panikattacke hast, solltest du dir darüber absolut keine Sorgen machen. Denn es ist lediglich ein unangenehmer Gefühlszustand – wie Traurigkeit oder Kummer –, der dir etwas sagen möchte. Frage dich also: Was möchte mein Körper mir mit der Panikattacke sagen? Welches Problem schleppe ich mit mir herum, das ich noch nicht gelöst habe?

Ähnlich, wie die Motorkontrollleuchte im Auto signalisiert, dass man in die Werkstatt fahren sollte, um das Auto überprüfen zu lassen, geben Panikattacken lediglich den Hinweis, dass man sich bestimmte Bereiche in seinem Leben genauer anschauen sollte. Wurden die notwendigen Anpassungen vorgenommen, kann man weiterfahren. Es ist also wichtig, dass Panikattacken auftreten – ähnlich wie eine Warnleuchte, die im Auto aufpoppt. Natürlich ist es ärgerlich, dass man in die Werkstatt fahren muss, um eine Reparatur vornehmen zu lassen. Es braucht Zeit, und eventuell muss man auch Geld investieren. Es macht aber auch keinen Sinn, sich über die Warnleuchte zu ärgern. Man muss auch keine Angst vor ihr haben. Denn sie erlischt, sobald die Reparatur durchgeführt wurde.

Burn-out oder Burn-on

Wenn ich Menschen vorgestellt werde und sie erfahren, dass ich Arbeitspsychologin bin, denken sie oft als Erstes an Burn-out. Ich bin es also gewohnt, zu diesem Thema – sei es beruflich oder privat – Auskunft zu geben.

Aufgrund meiner unterschiedlichen Erfahrungen mit Burn-out-Fällen in Betrieben finde ich es jedoch äußerst herausfordernd, die Symptome eines Burn-outs zu beschreiben. Ich habe Menschen gesehen, die sich bereits in einer Erschöpfungsdepression befanden, also im Endstadium. Doch noch viel häufiger habe ich mich mit Personen unterhalten, die in einer früheren Phase des Burn-outs waren und von den unterschiedlichsten Symptomen berichteten. Die einen beschrieben es als einen regelrechten Nervenzusammenbruch, während die anderen es eher als körperlichen Schmerz, begleitet von einigen psychischen Symptomen, wahrnahmen. Das macht es schwer, ein Burn-out allgemeingültig zu beschreiben, da jeder Mensch es individuell erlebt. Genau aus diesem Grund wird Burn-out laut ICD 11, der internationalen Klassifikation der Krankheiten, auch nicht als eigenständige Krankheit klassifiziert.[27] Die Symptome sind so vielfältig und individuell, dass es schwer ist, sie genau zu definieren oder einzugrenzen. Die Deutsche Gesellschaft für Psychiatrie, Psychotherapie und Nervenheilkunde informiert darüber, dass im Zusammenhang mit Burn-out über 160 Beschwerden auftreten können.[28] Burn-out wird demnach als Syndrom beschrieben, das infolge einer anhaltenden beruflichen Belastung entsteht und bisher nicht erfolgreich bewältigt wurde. Der Betroffene leidet unter einer chronischen Erschöpfung, bei der seine Energie schwindet. Zudem manifestiert sich eine verstärkte Distanz zur Arbeit. Teilweise können Emotionen wie Negativismus oder Zynismus auftreten, und die berufliche Leistungsfähigkeit des Betroffenen nimmt ab. Bei einem Burn-out sind nicht nur berufliche Aspekte von Bedeutung, sondern auch das Privatleben spielt eine Rolle dabei, dass es den Betroffenen so schlecht geht. In vielen Fällen gibt es eine Doppelbelastung, manchmal sogar eine Dreifach- oder Vierfachbelastung. Gerne möchte ich hierzu ein Beispiel nennen:

> Vor einiger Zeit habe ich einen jungen Vater beraten, der von einem Burn-out betroffen war. Er war zweifacher Papa und arbeitete Vollzeit; daneben absolvierte er ein berufsbegleitendes Studium. Jeder Tag war bis zur letzten Sekunde minutiös geplant, sodass ihm praktisch keine Zeit für sich selbst blieb. Und als wären die Anforderungen, die der Beruf, die Familie und das Studium an ihn stellten, nicht schon genug, hatte er vor ein paar Monaten auch noch begonnen, ein Haus zu bauen. Das nahm ihn von Montagfrüh bis Sonntagnacht Woche für Woche voll und ganz in Anspruch. Wenig verwunderlich also, dass er schließlich im Burn-out landete. Die Überlastung führte dazu, dass er buchstäblich ausbrannte. Die Kombination aus Beruf, Studium, Familie und Hausbau erwies sich schlichtweg als »zu viel des Guten«. Bei vielen Menschen, denen ich im Laufe der Zeit begegnet bin und die mit einem Burn-out zu kämpfen hatten, fiel mir ein vergleichbares Muster auf. Sie hatten sich schlichtweg zu viel aufgebürdet.

Doch trotz all dieser negativen Aspekte gibt es auch Positives zu berichten. Nachdem die Betroffenen sich der überflüssigen Last entledigt und gleichzeitig ihr Burn-out auskuriert hatten, ging es wieder bergauf. Es ist also keineswegs unmöglich, ein Burn-out zu überwinden. Gewiss gibt es leichtere Herausforderungen im Leben, als sich nach einem Burn-out wieder aufzuraffen, aber es ist zu schaffen – das ist die ermutigende Botschaft. Darüber hinaus haben jene Personen, die einmal von einem Burn-out betroffen waren, gelernt, besser auf sich achtzugeben. Persönlich kenne ich niemanden, der nach einer überstandenen Burn-out-Erfahrung erneut davon betroffen war. Es scheint, als wäre dies eine wichtige Lektion gewesen, die man nie vergisst und die einen davor bewahrt, noch einmal in so eine Situation zu geraten.

Und es gibt noch eine erfreuliche Nachricht: Obwohl Burn-out jedem ein Begriff ist, tritt diese Erkrankung in Wirklichkeit nicht so häufig auf wie allgemein angenommen. Tatsächlich befinden sich nur wenige im Endstadium eines Burn-outs.

Gemäß dem Robert Koch-Institut leiden etwa 4 % der Erwachsenen in Deutschland an einem Burn-out-Syndrom.[29] Die Zahlen in Österreich sind laut einer Studie, die im Auftrag des Bundesministeriums für Arbeit, Soziales und Konsumentenschutz durchgeführt wurde, etwas höher. Danach befinden sich 8 % im Stadium der Burn-out-Erkrankung, während sich 36 % im Vorstadium, dem »Burn-on«, befinden. Burn-on bezeichnet einen Zustand des Dauerstresses, der sowohl psychische als auch physische Beschwerden verursacht. Bert te Wildt und Timo Schiele prägten diesen Begriff, den sie in ihrem Buch »Burn On: Immer kurz vorm Burn Out. Das unerkannte Leiden und was dagegen hilft«[30] näher erläutern. Obwohl es dabei nicht zu einem Zusammenbruch wie beim Burn-out kommt, empfinden Betroffene den chronischen Stress als äußerst belastend. Noch mehr als an Burn-out-Betroffene möchte ich mich daher an alle wenden, die sich im Burn-on befinden. Denn alle, bei denen ein Burn-out diagnostiziert wurde, sind mit großer Wahrscheinlichkeit in psychologischer Behandlung und arbeiten bereits daran, diesen Zustand zu überwinden. Im Gegensatz dazu sind Menschen im Burn-on-Stadium möglicherweise noch nicht aktiv dabei, an ihrer Situation zu arbeiten.

Doch in diesem Stadium kann man eine Menge erreichen, wenn man sich nur dazu aufrafft und den Stress Schritt für Schritt überwindet. Hast du das Gefühl, dass du konstant unter Anspannung stehst und es dir schwerfällt abzuschalten? Oder bist du bereits über einen längeren Zeitraum von Stresssymptomen betroffen, wie ich sie bereits beschrieben habe – sei es in Form von Kopfschmerzen, gesteigerter Reizbarkeit oder bis hin zu Ängsten und Schlafstörungen? Dann kann man darauf schließen, dass du dich womöglich im Burn-on-Stadium befindest. Wenn dies auf dich zutrifft, hast du die Möglichkeit, etwas dagegen zu unternehmen. In den kommenden Abschnitten werde ich dir zahlreiche wertvolle Maßnahmen vorstellen, die dir dabei helfen können, aus der Stressfalle zu entkommen.

Experten lohnen sich

Falls du unter belastenden Symptomen leidest, die dich stark beeinträchtigen, ist es ratsam, einen Therapeuten oder einen klinischen Psychologen aufzusuchen. Die Entscheidung, sich professionelle Unterstützung zu suchen, kann dein Leben verändern.

Denn viele Menschen, die sich stark belastet fühlen, erfahren nach dem Aufsuchen eines Therapeuten oder eines klinischen Psychologen eine immense Entlastung. Oft wird einem erst bewusst, wie wertvoll die psychische Gesundheit ist, wenn man sie vorübergehend verloren und sie durch therapeutische Unterstützung wiedererlangt hat. Dieses Gefühl kann sich für viele wie ein unerwarteter Lottogewinn anfühlen. Bevor wir einen Therapeuten oder Psychologen aufsuchen, stellt sich oft die Frage: Welche Kosten sind mit einer Therapie oder einer klinisch-psychologischen Behandlung verbunden? Und wenn ja, ist es wirklich sinnvoll, die finanzielle Belastung einer Therapie auf sich zu nehmen?

Bevor ich diese Fragen beantworte, möchte ich zur Sicherheit an dieser Stelle erwähnen, dass diese Informationen zum Zeitpunkt der Buchveröffentlichung korrekt sind. Natürlich können sich in diesem Bereich immer Änderungen ergeben, daher empfehle ich, sich stets über den aktuellen Stand zu informieren. Für die Beantwortung der Fragen ist es außerdem wichtig zu beachten, in welchem Land wir uns befinden. Denn im deutschsprachigen Raum gibt es in diesem Bereich erhebliche Unterschiede.

In Deutschland wird Psychotherapie von den gesetzlichen Krankenkassen übernommen, vorausgesetzt, es liegt eine Diagnose vor.[31] Folglich entstehen in Deutschland für den Patienten keine Kosten, was ein großer Vorteil ist. Allerdings gibt es zu wenige Therapieplätze, was zu langen Wartezeiten führen kann.

In Österreich ist das Angebot kostenloser Therapieplätze begrenzt, weshalb die Wahrscheinlichkeit gering ist, dass die Kosten übernommen werden. Für einige Therapieplätze erhält man Zuschüsse durch die Krankenkasse. Diese finanzielle Unterstützung ist jedoch nicht besonders hoch, sodass in den meisten Fällen dennoch mehr als die Hälfte der Kosten vom Patienten selbst getragen werden muss.[32] Die therapeutische oder klinisch-psychologische Betreuung ist in Österreich also in den allermeisten Fällen mit Kosten verbunden. Hinzu kommt, dass es auch hier wie in Deutschland zu langen Wartezeiten kommen kann.

Wenn man dringend Hilfe benötigt, ist man häufig gezwungen, die Therapie aus eigener Tasche zu zahlen. Wenn du zu jenen gehörst, die sich Therapiesitzungen, ohne lange nachzudenken, leisten können, empfehle ich dir auf jeden Fall, einen Therapeuten aufzusuchen. Falls du dir jedoch unsicher bist, ob du in eine Therapie investieren solltest, da du aus finanziellen Gründen möglicherweise an anderer Stelle zurückstecken müsstest, dann nimm dir Zeit und beobachte deine Situation. Viele Menschen schaffen es, sich selbst aus einer Überlastungssituation zu befreien. Zum Beispiel, indem sie sich mit Freunden und Familienmitgliedern austauschen. Auch das Lesen von Büchern, die sich mit diesem Thema beschäftigen, kann dazu beitragen, aus dieser misslichen Lage wieder herauszufinden – aus diesem Grund habe ich dieses Buch auch geschrieben.

Wenn du jedoch das Gefühl hast, dass es dir guttun könnte, mit einem Experten über deine derzeitige Überlastung zu sprechen, dann überlege dir genau, ob du vielleicht in anderen Bereichen etwas einsparen könntest, um in deine Gesundheit zu investieren. Denn viele Menschen möchten trotz des bestehenden Leidensdrucks bei ihrem Lebensstandard keine Abstriche machen und verzichten daher auf die Hilfe eines Therapeuten. Sie investieren ihr Geld lieber in materielle Dinge. Ob es sich dabei um neue Schuhe, Möbel, ein neues Smartphone oder einen schönen Urlaub handelt, spielt keine Rolle. Die zentrale Frage lautet aber: Kannst du dich wirklich über etwas Neues freuen, wenn du seelisch nicht im Gleichgewicht bist? Was nützen dir neue Schuhe, wenn sich jeder Schritt quälend anfühlt? Und kannst du dich am Feierabend wirklich an deinem neuen Sofa erfreuen, wenn du nicht weißt, wie du den nächsten Arbeitstag überstehen sollst? Wie fühlst du dich, wenn du einen Urlaub buchst, aber nicht in der Lage bist, ihn zu genießen? Wenn du auf das weite Meer blickst und dich das beklemmende Gefühl überkommt: Was geschieht, wenn der Urlaub vorbei ist?

Ist es nicht besser, im Wohnzimmer zu sitzen und sich richtig wohlzufühlen, anstatt an einem wunderschönen Strand zu sein und sich miserabel zu fühlen? Das ist die Frage. Letztendlich geht es im Leben darum, wie man sich fühlt, wie gut es einem geht. Dies ist von entscheidender Bedeutung für unser Glücksempfinden. Materielle Dinge oder der Ort, an dem wir uns befinden, sind lediglich zweitrangig und nicht ausschlaggebend für Glück oder Unglück. Es ist also durchaus möglich, dass dich im Sommerurlaub am Meer bedrückende Gedanken überfallen, während du in der Badewanne zu Hause einen der zufriedensten Momente deines Lebens genießt.

Natürlich werden einige Leute jetzt widersprechen, denn Urlaube sind zweifellos wichtig für unsere Entspannung. Allerdings hat sich gezeigt, dass der Urlaub besser genossen werden kann, wenn man keine Angst vor der Rückkehr zum Arbeitsplatz hat, sich im Gleichgewicht befindet und keine psychischen Probleme hat. Es stellte sich sogar heraus, dass Menschen, die von starken Stresssymptomen geplagt sind, es einfach nicht schaffen, innerhalb einer oder sogar zwei Urlaubswochen zur Ruhe zu kommen und sich zu entspannen. Es ist keine Seltenheit, dass Menschen aus dem Urlaub zurückkommen und keinen Unterschied in ihrem emotionalen Befinden feststellen – schon am ersten Arbeitstag nach dem Urlaub fühlen sie sich, als wären sie nie weg gewesen.

Die Entscheidung, in eine Therapie zu investieren, ist daher letztendlich eine Investition in dein Wohlbefinden. Deine mentale Gesundheit ist von unschätzbarem Wert und hat direkten Einfluss auf dein tägliches Leben, deine Beziehungen und deine allgemeine Lebensqualität. Indem du dich für eine therapeutische Unterstützung entscheidest, legst du den Grundstein für ein erfüllteres Leben.

FLUCHT NACH VORNE

»Quiet Thriving« statt »Quiet Quitting«

»Kündigen ist auch keine Lösung« – so lautet der Titel dieses Buches. Doch welche anderen Optionen gibt es, außer seinen Job aufzugeben, wenn man überlastet und unglücklich ist? Welche Wege führen aus der Frustration heraus und wie wird man Arbeit los, die einem nicht guttut? Diese Fragen stehen im Mittelpunkt dieses Kapitels.

Ich sehe die Flucht nach vorne als eine geeignete Möglichkeit, um den Jobfrust loszuwerden. Die Idee hinter der Flucht nach vorne ist, aktiv auf Schwierigkeiten zuzugehen und diese zu überwinden, anstatt passiv abzuwarten oder zu fliehen. Ein Synonym für den Begriff »Flucht nach vorne« ist der englische Begriff »Quiet Thriving«, der von der Psychotherapeutin Lesley Alderman im Jahr 2023 geprägt wurde.[33] In einem Beitrag für die *Washington Post* betonte sie die Wichtigkeit, sich nicht einfach den Umständen zu ergeben, sondern aktiv nach neuen Möglichkeiten zu suchen. Statt sich zurückzuziehen, könne das Konzept des »Quiet Thriving« – also des stillen Wachsens und Aufblühens – dazu beitragen, den beruflichen Alltag durch schrittweise Veränderungen positiv umzugestalten.

Das Gegenteil von »Flucht nach vorne« oder »Quiet Thriving« ist »Quiet Quitting« – im Deutschen als »innere Kündigung« bekannt. In jüngster Zeit hat sich hier ein Trend entwickelt, der sich auf Social-Media-Plattformen rasch verbreitet hat. Viele Beschäftigte, die unzufrieden sind, haben innerlich gekündigt oder, anders ausgedrückt, tun nur mehr das Allernotwendigste. Vielen ist auch der Begriff »Dienst nach Vorschrift« bekannt. Allerdings unterscheidet sich »Quiet Quitting« grundlegend von diesem altbekannten Begriff. Der Unterschied lässt sich wie folgt erklären: »Quiet Quitter« unternehmen keine zusätzlichen Anstrengungen. Sie gehen keine Extrameile für ihren Arbeitgeber, sondern tun nur das, was ihrer Ansicht nach durch ihr Gehalt abgegolten ist. Das Erbringen von Leistungen, die über die vertraglich vereinbarte Arbeit hinausgehen, wird demnach vermieden. In Österreich betrachten sich bereits drei von zehn Arbeitnehmern als »Quiet Quitter« – sie haben ihren Job innerlich gekündigt. Zu diesem Ergebnis kommt der Workmonitor 2023 von Randstad, einem Unternehmen im Bereich der Personalvermittlung.[34] Die Studie verdeutlicht, dass dieser Trend eine hohe Zustimmung erfährt. Dennoch gibt es dabei ein Problem: Wer nur noch Dienst nach Vorschrift macht und trotzdem weiterhin zur Arbeit geht, obwohl er mit dem Job offensichtlich unzufrieden ist, nimmt eine passive Rolle ein. Es handelt sich gewissermaßen um einen stillen Protest. Aufgrund dieser Passivität kann sich »Quiet Quitting« negativ auf die Gesundheit auswirken. Wir sind frustriert, und indem wir innerlich kündigen, schaffen wir nur eine halbe Lösung. Wir sind aber weiterhin wütend und aufgebracht. Diese Wut mag kurzfristig kein Problem darstellen, aber langfristig gesehen kann sie uns erheblichen Schaden zufügen. Es ist so, als würden wir uns ins eigene Fleisch schneiden. Viele mögen zwar glauben, dass sie damit bloß ihrem Vorgesetzten oder Arbeitgeber schaden würden, doch in Wahrheit fügen sie niemandem außer sich selbst Schaden zu.

Mir sind in zahlreichen Unternehmen Personen begegnet, die still gekündigt haben. Natürlich trägt niemand ein Schild mit der Aufschrift »Ich bin ein Quiet Quitter« auf der Stirn, dennoch ist auf den ersten Blick zu erkennen, wenn jemand mit seinem Job abgeschlossen hat. Denn die »Quiet Quitter« haben eines gemeinsam: Sie empfinden tiefe Unzufriedenheit. Diese Unzufriedenheit und die damit einhergehende Gereiztheit sind deutlich an ihren Gesichtern abzulesen. Sie sind keineswegs zu beneiden. Es lohnt sich also nicht, sich ebenfalls den »Quiet Quittern« anzuschließen.

Warte nicht auf Veränderungen

»Akzeptiere, was du nicht ändern kannst.
Ändere, was du nicht akzeptieren kannst.«
Jeannine Garsee

Kehren wir nun zum eigentlichen Thema zurück. Du befindest dich gerade in einer schwierigen Situation. Du bist überfordert und leidest unter Stresssymptomen. Das erzeugt Ärger, und zwar darüber, dass dein Arbeitgeber dich mit Arbeit zubetoniert, ohne Rücksicht auf mögliche Konsequenzen. Denn hättest du nicht noch ein zusätzliches Projekt zugeteilt bekommen oder zum x-ten Mal eine Vertretungsschicht übernehmen müssen, würde es dir vermutlich besser gehen. Du wärst nicht länger gezwungen, lästige Symptome auszuhalten. Du könntest endlich rechtzeitig Feierabend machen, wodurch dir mehr Zeit für Erholung bleiben würde. Auch deine Kollegen würden dann vermutlich gelassener sein, und du müsstest dich nicht mit ihren fiesen Launen herumschlagen. Denn auch sie scheinen schlecht gelaunt zu sein. Das Arbeitsklima war zweifellos schon einmal angenehmer. Möglicherweise empfindest du auch gar keinen Ärger gegenüber deinen Kollegen, sondern nur gegenüber deinem Vorgesetzten. Du denkst vielleicht: »Wenn er nur dies oder jenes anders angehen würde, dann wäre die Welt wirklich ein besserer Ort.«

Wenn du ehrlich bist und deinen Gedanken freien Lauf lässt, fällt dir bestimmt noch mehr ein, was in deinem Unternehmen falschläuft. Das habe ich in Gruppenworkshops oder Einzelgesprächen schon oft miterlebt. Sobald man einmal in Fahrt kommt, ist es fast unmöglich, sich nicht über verschiedenste Angelegenheiten zu ärgern.

Sei dir bewusst, dass diese Emotionen zu Beginn sogar förderlich sein können. Denn vorübergehender Ärger oder kurzzeitiges Jammern gehört dazu und ist sogar gut für unsere Psychohygiene. Auf kurze Sicht kann Ärger tatsächlich zu einer positiveren Stimmung führen, da wir unseren Emotionen Raum geben. Auf diese Weise entlasten wir uns selbst und gewinnen Klarheit darüber, was nicht stimmig ist. Auf lange Sicht ist es jedoch besser, unseren Ärger wieder loszuwerden, da uns dieser, wenn er zum Dauerzustand wird, mehr Schaden als Nutzen bringt.

Wie sieht es bei dir aus? Welche Umstände sind dir bewusst geworden, die in deinem Unternehmen erheblichen Druck erzeugen und schwer zu verdauen sind? Halte kurz inne und reflektiere diese Punkte. Kehre dann mit deinen Gedanken wieder hierher zurück. Ich hoffe, du bist jetzt ganz präsent und liest ohne Ablenkungen mit. Denn in den nächsten Zeilen wird etwas sehr Wichtiges mitgeteilt.

Warte nicht darauf, dass sich dein Unternehmen oder dein Arbeitgeber verändert. Setze auch keine Hoffnung auf bessere Zeiten. Es ist auch vergebens, darauf zu warten, dass sich dein Vorgesetzter verändert. Obwohl der Wunsch nach solchen Veränderungen durchaus verständlich ist, wird er so gut wie sicher nicht in Erfüllung gehen.

Denn Unternehmen werden mit hoher Wahrscheinlichkeit keine Veränderungen einleiten, und wenn sie sich doch verändern, dann nicht unbedingt zu deinem Vorteil. Dies kommt daher, dass ihre Denkweise anders ist – ja, sie müssen sogar anders denken. Unternehmen sind gezwungen, wirtschaftlich zu handeln. Sie müssen Ressourcen wie Zeit, Geld, Personal und Material effizient einsetzen, um wirtschaftliche Ziele zu erreichen und Verlusten vorzubeugen. Wenn es möglich ist, die Wirtschaftlichkeit des Unternehmens und die Arbeitszufriedenheit der Beschäftigten unter einen Hut zu bringen, wird diese Variante bevorzugt. Denn selbstverständlich weiß das obere Management, dass der Unternehmenserfolg zu einem großen Teil von den Mitarbeitern abhängt. Denn wie heißt es so schön: »Ein Unternehmen ist nur so gut wie seine Mitarbeiter.« In Zeiten der Krise, wenn alles drunter und drüber geht, nehmen Unternehmen jedoch in Kauf, dass die Wirtschaftlichkeit auch auf Kosten des Personals geht. Wenn kurzfristig Personal ausfällt, müssen sie das vorhandene Personal bestmöglich einsetzen – das heißt, sie müssen die bestehenden Mitarbeiter mehr belasten. So kommt es dazu, dass manche immer wieder Vertretungsschichten übernehmen müssen oder andere wochenlang Überstunden leisten.

Ich möchte diese Vorgehensweise auf keinen Fall verteidigen oder rechtfertigen. Dafür sehe ich zu häufig, wie sehr Mitarbeiter unter der hohen Belastung leiden. Dennoch ist es mir wichtig, diesen Aspekt zu unterstreichen, damit niemand mehr darauf hofft, dass Unternehmen von sich aus Veränderungen einleiten werden. Es ist wichtig, dass jeder sich dessen bewusst ist, warum Unternehmen so handeln, wie sie es tun. Ja, Unternehmen setzen ihre Mitarbeiter unter Druck, doch nicht mit der Absicht, ihnen Schaden zuzufügen, sondern aufgrund ihrer Sorgen, ansonsten nicht wettbewerbsfähig zu bleiben. Sie befürchten, dass sie finanzielle Einbußen erleiden oder – noch schlimmer – am Markt nicht länger bestehen könnten. Es gibt Firmen, die in den Konkurs geschlittert sind, weil sie zu stark auf soziale Aspekte geachtet haben.

Besonders in Branchen mit geringen Gewinnspannen ist es meist sehr schwierig, Personal wirtschaftlich einzusetzen. Mitarbeiter nehmen Urlaub, und natürlich kommt es auch vor, dass Mitarbeiter krankheitsbedingt ausfallen. Ein zu häufiger oder zu langer Krankenstand führt für das Unternehmen oft schnell zu finanziellen Verlusten. Je größer die Anzahl der Beschäftigten ist, desto schneller kann sich die Situation verschlechtern.

Aus diesem Grund bin ich davon überzeugt, dass dies oft die Ursache dafür ist, warum Unternehmen ihre Mitarbeiter häufig übermäßig strapazieren. Das mag zwar dazu führen, dass langfristig weitere Mitarbeiter ausfallen, trotzdem ist dieses Verhalten in der Praxis immer wieder zu beobachten. Wenn Mitarbeiter kurzfristig ausfallen und sie keine neuen Mitarbeiter mehr gewinnen können, sehen sie oft keine andere Möglichkeit, als ihre bestehenden Mitarbeiter stärker zu belasten.

Selbstfürsorge im Job – passe auf dich auf

»Selbstfürsorge ist keine Selbstgefälligkeit, sondern Selbsterhaltung.«
Audre Lorde

Wenn du diese Zeilen gelesen hast, wird dir sicherlich bewusst, dass der Selbstfürsorge im Job eine wichtige Bedeutung zukommt. Während Arbeitgeber ihre eigenen Interessen, insbesondere in wirtschaftlicher Hinsicht, wahren müssen, obliegt es auch dir, deine eigenen Interessen zu schützen. Dazu gehört, dass du gut auf dich aufpasst.

Es ist deine Aufgabe, auf deine körperliche und seelische Gesundheit zu achten. Wenn du bemerkst, dass deine Kräfte schwinden, musst du deine Grenzen aufzeigen. Das kann ein Gespräch mit deinem Vorgesetzten sein, indem du ihm ehrlich sagst, wie es dir geht.

Wenn dir etwas nicht machbar oder sogar ganz und gar unmöglich erscheint, dann musst du früh genug darauf hinweisen. Das wird dir, auch wenn es unangenehm ist, leider nicht erspart bleiben. Viele äußern sich nicht oder zu spät. Sie möchten nicht schwach erscheinen. Zudem haben sie möglicherweise Angst vor Ablehnung, wenn sie zu ihrem Vorgesetzten Nein sagen. Sie fürchten sich vor den negativen Folgen, wenn sie etwas ablehnen. Besonders die Sorge um den Verlust des Arbeitsplatzes steht im Vordergrund. Viele haben auch Angst, eine Beförderung zu verpassen, wenn sie ihre Grenzen klar kommunizieren. Doch diese Sorge ist völlig unbegründet. Ganz im Gegenteil führt das Setzen von Grenzen häufig sogar dazu, dass man sich mehr Respekt verschafft.

Und denke bitte immer daran: Wir leben in einer Zeit des Personalmangels. In solchen Zeiten haben Unternehmen in erster Linie das Ziel, ihr Personal zu halten. Denn wenn es schon schwierig ist, neue Mitarbeiter zu finden, wird es noch schwieriger, bestehendes Personal auszutauschen. Für dich bedeutet das, dass es äußerst unwahrscheinlich ist, dass du in einer von Fachkräftemangel betroffenen Branche gekündigt wirst. Du kannst also ganz gelassen Selbstfürsorge am Arbeitsplatz praktizieren, deine Grenzen aufzeigen und öfter Nein sagen. Dein Arbeitgeber wird dies akzeptieren, ob es ihm passt oder nicht. Denn er ist sich bewusst, dass er in Schwierigkeiten gerät, wenn du das Unternehmen verlässt, weil deine Position dann sehr wahrscheinlich längere Zeit unbesetzt bleiben würde.

Nein sagen lernen

»Wenn du Ja sagst, dann sei dir sicher,
dass du nicht Nein zu dir selbst sagst.«
Paulo Coelho

Um anderen unsere persönlichen Grenzen klarzumachen, ist es von großer Bedeutung, entschieden Nein zu sagen. Das stellt uns oft vor eine Herausforderung, die nicht immer leicht zu bewältigen ist. Wir versuchen, ein Nein möglichst lange zu vermeiden. Dennoch bleibt uns nichts anderes übrig, insbesondere dann, wenn wir uns von Aufgaben trennen möchten, die uns nicht guttun.

In diesem Abschnitt werden wir uns mit der Kunst des Nein-Sagens auseinandersetzen und verschiedene Techniken erlernen, um diese Fähigkeit zu stärken. Bevor wir uns mit den praktischen Aspekten des Nein-Sagens befassen, ist es jedoch wichtig, die Bedeutung dieses kleinen Wortes zu verstehen.

Nein sagen ist ein Akt der Selbstfürsorge und Entlastung. Ein Nein bedeutet auch ein Ja zu sich selbst, denn wenn wir Nein sagen, rücken wir unsere eigenen Bedürfnisse und Grenzen in den Vordergrund.

Wenn wir stets jedem und allem zustimmen, mag es uns möglicherweise kurzfristig in der Situation gut gehen, aber langfristig kann uns dies schaden. Bitte verstehe mich hier nicht falsch: Es gibt viele Menschen, die kein Bedürfnis verspüren, Nein zu sagen. Wenn du dich zu diesem Personenkreis zählst, ist dieses Kapitel womöglich nicht relevant für dich. Doch wenn du dich oft dabei ertappst, dass du Ja sagst, obwohl du lieber Nein gesagt hättest, dann findest du in diesem Kapitel hilfreiche Tipps, die dir weiterhelfen können.

In der Tat vermeiden es viele Menschen, das Wort Nein zu verwenden. Es fällt uns oft nicht schwer, Ja zu sagen, da es einfacher ist und leichter über die Lippen geht. Es scheint, als wäre das automatische Zustimmen fest in der Natur des Menschen verankert. Hingegen erfordert das Aussprechen eines Neins oft Mut und Überwindung. Denn jeder, der es schon einmal gewagt hat, Nein zu sagen, weiß, dass in den allermeisten Fällen mit Gegenwind zu rechnen ist. Natürlich hängt dies auch von der jeweiligen Situation ab – gilt das Nein einer Kleinigkeit, oder wird damit ein wichtiges Vorhaben abgelehnt? Es ist auch abhängig von deinem Gegenüber. Es gibt Menschen, die besser mit einem Nein umgehen können, während andere kein Nein akzeptieren wollen oder sich persönlich verletzt fühlen. Eine weitere Herausforderung besteht darin, wenn du bisher immer ein »Jasager« warst und dann plötzlich Nein sagst. Dies kann die Menschen verwirren und sie möglicherweise vor den Kopf stoßen, da sie sich erst daran gewöhnen müssen, dass auch du in der Lage bist, Nein zu sagen. Wenn du jedoch einmal und vielleicht sogar ein weiteres Mal Nein gesagt hast, wird sich niemand mehr darüber wundern. Das bedeutet nicht, dass alle es gutheißen werden, aber letztendlich wird man es akzeptieren.

Dazu möchte ich dir eine Geschichte aus meinem beruflichen Alltag erzählen. Als Arbeitspsychologin ist es meine Aufgabe, verschiedene Unternehmen zu besuchen. In zahlreichen Meetings steht unter anderem das Thema Arbeitsplanung und -einteilung im Fokus. Es wird darüber diskutiert, wer neue Aufgaben übernehmen kann und wer einspringt, wenn Mitarbeiter krankheitsbedingt ausfallen oder aufgrund des Fachkräfte- und Personalmangels zu wenig Personal vorhanden ist. In allen Betrieben, unabhängig von der Branche, gibt es Mitarbeiter, die man eher zu den Neinsagern zählen würde. Es gibt aber auch Mitarbeiter, die stets gefragt werden, wenn es um neue Projekte und Anfragen geht, da sie immer mit einem Ja antworten und bereit sind, zusätzliche Aufgaben zu übernehmen.

Beim Delegieren von Aufgaben werden selbstverständlich diejenigen Mitarbeiter bevorzugt, die häufig Ja sagen, während die Neinsager nur im Notfall kontaktiert werden. Dadurch werden die Jasager immer mehr beansprucht, während die Neinsager niemals an den Punkt der Erschöpfung gelangen.

Ein weiteres Beispiel stammt aus dem Bereich des Sozial- und Gesundheitswesens, in dem Pfleger, Pädagogen oder auch Ärzte tätig sind. Hierbei handelt es sich um Berufe mit Schichtarbeit. Auch die Gastronomie und Hotellerie sind auf ähnliche Weise organisiert. Es ist unbedingt nötig, dass bestimmte Personen vor Ort sind, und es kann zu Problemen kommen, wenn jemand krankheitsbedingt ausfällt. In solchen Situationen muss jemand einspringen. Doch nicht alle sind gleichermaßen bereit, diese Rolle zu übernehmen. Es gibt Menschen, die sich dazu überreden lassen, während andere zahlreiche Ausreden parat haben, um nicht einspringen zu müssen. Es finden sich also auch in diesem Bereich deutlich erkennbare Neinsager, die sich geschickt aus Situationen herauswinden und stets einen Ausweg finden.

Du fragst dich jetzt vielleicht, wie es möglich ist, dass die Neinsager dennoch ihren Job behalten und nicht aus dem Unternehmen entfernt werden. Ehrlich gesagt habe auch ich mich das schon oft gefragt. Doch meiner Erfahrung nach haben Mitarbeiter, die sich klar abgrenzen, Grenzen setzen und immer wieder Nein sagen, keinerlei Nachteile und werden akzeptiert, genauso wie ihre Kollegen, die Jasager. Es wird ihnen im Gegenteil häufig sogar mehr Respekt entgegengebracht. Während man den Mitarbeitern, die sich nicht abgrenzen können, immer mehr Steine in den Rucksack packt, bis sie diesen nicht mehr tragen können.

1-%-Methode – Nein sagen

Sobald ich in meinen Vorträgen beim Thema »Grenzen setzen« oder »Nein sagen« angelangt bin, werde ich oft mit einer Vielzahl von Einwänden konfrontiert. Es sind Äußerungen wie »Nein sagen, das ist bei uns in der Firma sicher nicht möglich« oder »Mein Chef würde mich auslachen« oder auch »Natürlich, wenn man seinen Job loswerden will, kann man das gerne mal ausprobieren«.

Ich habe für diese Bedenken vollstes Verständnis und kann sie gut nachvollziehen. Ich behaupte auch nicht, dass man von nun an sämtliche Arbeitsaufträge ablehnen und den ganzen Tag nichts anderes tun sollte, als Nein zu sagen. Das wäre sicherlich kontraproduktiv, und höchstwahrscheinlich müsste man dann auch mit negativen Konsequenzen rechnen. Doch was passiert, wenn man niemals das Wort Nein in den Mund nimmt? Hat das nicht ebenfalls potenziell negative Auswirkungen, insbesondere für uns selbst?

Wie auch immer wir die Situation betrachten, wir werden nicht darum herumkommen, Nein zu sagen, sobald wir erkennen, dass andernfalls unsere Gesundheit in Gefahr ist. Denjenigen von uns, denen es schwerfällt, Nein zu sagen – und dazu zähle ich mich auch selbst –, empfehle ich, klein anzufangen. Es genügt bereits, in 1 % der Situationen Nein zu sagen. Denn selbst kleine Veränderungen beim Ablehnen können ausreichen, um sich besser zu fühlen.

Kennst du das Buch »Die 1%-Methode – Minimale Veränderung, maximale Wirkung«?[35] Darin beschreibt der Autor James Clear, dass man jedes Ziel mithilfe kleiner Veränderungen erreichen kann. Es ist nicht nötig, sein ganzes Leben von heute auf morgen auf den Kopf zu stellen. Bereits geringfügige Anpassungen können ausreichen. Zwar mag eine Steigerung von 1 % zu Beginn noch nicht spürbar sein, doch über einen längeren Zeitraum hinweg kann sie große Auswirkungen haben, da sich die Veränderungen allmählich aufsummieren.

Darüber hinaus sind 1-%-Veränderungen minimal und daher schaffbar, nicht außergewöhnlich, dafür aber stetig. Dieses Wirkprinzip lässt sich auch auf das Neinsagen umlegen. Vor allem, wenn du noch nicht geübt darin bist, Nein zu sagen, und dies im beruflichen Kontext ausprobieren möchtest, ist es ratsam, nicht sofort mit der Tür ins Haus zu fallen und überall ungehemmt Nein zu sagen. Stattdessen empfehle ich dir, es zunächst nur in 1 % der Situationen zu versuchen.
Diese Prozentangabe sollte nicht wörtlich genommen werden; es können auch 5 oder 10 % sein. Die 1-%-Angabe ist lediglich symbolisch und verdeutlicht, dass es durchaus genügt, hier und da Nein zu sagen. Es ist wichtig, zunächst mit kleinen Neins zu beginnen, um ein Gespür dafür zu entwickeln, bevor du dich dazu aufraffst, zu einer großen Sache Nein zu sagen. Diese Methode hat den Vorteil, dass du nicht ständig Nein sagen musst, um dich aus der Überlastung zu befreien. Es genügt vollkommen, nur in ausgewählten Situationen Nein zu sagen. So wirst du die Kontrolle über dein Leben wiedererlangen und ein Gefühl der Selbstbestimmung erfahren.

Diese Methode wird auch bei deinem Arbeitgeber auf positive Resonanz stoßen. Denn indem du das Neinsagen in kleinen Dosen anwendest, wird es ihm kaum auffallen. Er wird es ohne Schwierigkeiten akzeptieren und dir gegenüber nicht negativ reagieren.

Nimm neue Aufgaben nur an, wenn du andere abgeben kannst

»Es sind nicht die Umstände, die den Menschen schaffen. Der Mensch ist es, der die Umstände schafft.« –
Benjamin Disraeli

In Zeiten des Fachkräftemangels ist es gängige Praxis, dem vorhandenen Personal kontinuierlich zusätzliche Aufgaben zu übertragen. Wenn ein Teammitglied seine Position aufgibt und es nicht gelingt, einen geeigneten Nachfolger zu finden, müssen die Aufgaben neu verteilt werden, wobei anstehende Projekte häufig auf mehrere Personen im Team verteilt werden. In besonderen Ausnahmefällen kann es jedoch auch vorkommen, dass sämtliche Aufgaben einer einzigen Person übertragen werden.

> Eine Teamleiterin, die ich einst betreut habe, erhielt zusätzlich die Verantwortung für ein ganzes Projekt, für das zuvor ein Kollege freigestellt war. Nachdem dieser Kollege das Unternehmen verlassen hatte, wurde dieses Projekt zur Gänze auf die Teamleiterin übertragen. Sie sah sich daraufhin gezwungen, dieses Projekt neben ihrem bereits anspruchsvollen Managementalltag parallel mit zu verantworten. Das Problem dabei war, dass ein weiteres umfangreiches Projekt natürlich zusätzliche Zeit beanspruchte. Zeit, die sie nicht hatte. Offenbar hatte sich vorher niemand überlegt, wie die Teamleiterin ein solches Zusatzprojekt stemmen könnte. Denn wie kann jemand zusätzlich zu seiner Arbeit ein Projekt übernehmen, für das zuvor jemand 40 Stunden in der Woche abgestellt worden war?

Wurden auch dir schon einmal zusätzliche Aufgaben übertragen, obwohl deine Aufgabenliste bereits prall gefüllt war? Kennst du dieses unangenehme Gefühl? Man hat seine Kapazitäten vorher schon so gut wie ausgeschöpft, und danach spürt man förmlich, wie alles außer Kontrolle gerät. Wie lässt sich hier am besten gegensteuern? Viele Betroffene entscheiden sich dazu, Nein zu sagen, wenn sie zusätzliche Aufgaben erhalten: »Sorry, aber ich kann keine Aufgaben mehr übernehmen. Ich bin voll.«

Obwohl das Neinsagen immer eine Option ist, gibt es in diesem speziellen Fall eine alternative Herangehensweise, die Erfolg versprechender sein könnte. Nämlich ein »Ja gerne, aber ...«.

Wenn dir eine neue Aufgabe übertragen wird, könntest du beispielsweise sagen: »Ja, ich nehme diese Aufgabe gerne an, aber welche Aufgaben kann ich im Gegenzug abgeben?«

Nenne daraufhin einige Aufgaben oder Projekte, die du stattdessen abgeben möchtest, und frage deinen Vorgesetzten dann: »Welche der Aufgaben A, B oder C kann ich abgeben, wenn ich dieses neue Projekt übernehme?« Auf diese Weise präsentierst du eine Auswahlmöglichkeit und mehrere Alternativen.

Besonders wirkungsvoll wird dieser Ansatz, wenn du die NOA-Technik anwendest (NOA steht für »Nur oder auch«). Du könntest fragen, ob es möglich wäre, im Zusammenhang mit der Annahme des neuen Projektes nur das Projekt A aufzugeben oder auch das Projekt B und C. Platziere die Aufgabe, die du unbedingt loswerden möchtest, hinter das »Nur«. Stelle Aufgaben, von denen du nicht erwartest, sie abgeben zu können, hinter das »oder auch«. Die NOA-Technik hat ihren Ursprung im Vertrieb und erweist sich auch in anderen Bereichen als äußerst vielversprechend. Vorgesetzte bekommen durch das »Nur« das Gefühl, sie hätten einen Gewinn erzielt, wenn sie die »Nur«-Variante wählen. Falls du Kinder hast, könntest du diese Technik spielerisch zu Hause ausprobieren. Überlege dir kleine Aufgaben im Haushalt, die erledigt werden müssen und rasch ausgeführt werden können. Falls im Kinderzimmer Chaos herrscht, wäre das Aufräumen keine geeignete Aufgabe. Stattdessen könntest du beispielsweise das Entleeren des Mülleimers auswählen. Als zweite Aufgabe wäre das Ausräumen des Geschirrspülers möglich. Frage deinen Sohn oder deine Tochter anschließend, ob sie lieber nur den Mülleimer ausleeren oder auch den Geschirrspüler ausräumen möchten. Mit großer Wahrscheinlichkeit werden sie sagen, dass sie nur den Mülleimer ausleeren möchten, entscheiden sich also für die »Nur«-Variante. So entsteht eine Win-win-Situation, aus der beide Seiten als Gewinner hervorgehen.

Wenn dein Chef Nein sagt

Im vorherigen Abschnitt hast du erfahren, dass du neue Projekte nur dann in Angriff nehmen solltest, wenn du im Gegenzug alte Projekte abgeben kannst. Daher erkundigst du dich bei deinem Vorgesetzten, welche Aufgaben zukünftig nicht mehr in deinen Zuständigkeitsbereich fallen. Im Optimalfall wird dir dieses Vorhaben gelingen. Dein Vorgesetzter könnte dann zustimmen und sagen: »Gut, ich werde für dieses andere Projekt eine Lösung finden, und du wirst langfristig nicht mehr für dieses oder jenes verantwortlich sein.« Auf diese Weise erreichst du dein angestrebtes Ziel.

Doch was tust du, wenn dein Vorgesetzter uneinsichtig ist oder dir mitteilt, dass es derzeit keine andere Lösung gibt, als dass du dich um sämtliche Projekte kümmern musst? Natürlich wirst du verärgert und enttäuscht sein. Aber bevor du den Kopf in den Sand steckst, vergiss nicht, dass das womöglich noch nicht das Ende ist. Dein Vorgesetzter hat deinen Vorschlag zwar fürs Erste abgelehnt, es ist ihm nun jedoch bewusst, dass diese Belastung auf Dauer für dich nicht tragbar sein wird. Du hast ihm klargemacht, dass es langfristig nicht machbar ist, allen Projekten gerecht zu werden.

Hättest du die neue Zusatzaufgabe ohne Wenn und Aber angenommen, würde er sich über deine Arbeitslast vermutlich nicht den Kopf zerbrechen. Er wäre überzeugt davon, dass du irgendwie schon damit zurechtkommen wirst. Wenn du Pech hast, dauert es nicht lange, bis dir erneut eine zusätzliche Aufgabe aufgebürdet wird. Indem du jedoch beharrlich auf die Situation aufmerksam gemacht hast, legst du den Grundstein für eine Veränderung. Betrachte das Ergebnis also trotzdem als Erfolg und warte ab, wie sich die Dinge entwickeln.

Bist du ein »People Pleaser«?

Eine Mitarbeiterin kommt in die arbeitspsychologische Sprechstunde. Offensichtlich wurde sie von der Personalabteilung darüber informiert, dass ich heute im Haus bin. Sie bedankt sich herzlich dafür, dass ich mir Zeit für sie nehme. Ich erkläre ihr, dass ich genau für solche Anliegen zur Verfügung stehe. Trotzdem bedankt sie sich erneut und fügt hinzu: »Ich werde sicher nicht lange brauchen, ich habe nur eine kurze Frage.« Dabei lächelt sie mich an. Das ist die freundlichste Mitarbeiterin seit Langem, dachte ich mir. Später wurde mir klar, warum. Sie war eine »People Pleaserin«, wie sie im Buche steht. »People Pleaser« sind meist sehr höflich, sie stellen die Bedürfnisse und Wünsche anderer oft über ihre eigenen. Sie wollen sicherstellen, dass es anderen gut geht und dass diese mit ihnen zufrieden sind. Diese Eigenschaft mögen andere zwar nett finden, und jeder, der von »People Pleasern« umgeben ist, wird höchstwahrscheinlich davon profitieren. Dennoch kann »People Pleasing« auch zum Problem werden, und das war auch der Grund, warum diese Mitarbeiterin heute in meiner Sprechstunde saß.

Sie fing an zu sprechen: »Wissen Sie, ich bin wirklich jemand, der immer bereit ist zu helfen. Oft recherchiere ich Dinge für meine Kollegen oder beantworte verschiedene Fragen. Ich mag diese Rolle der ‚Büromutti‘, die immer für alle da ist«, fuhr sie fort. »Aber irgendwann sollte das ständige Fragen doch auch mal aufhören, oder? Besonders dann, wenn meine Kollegen eigentlich genau wissen müssten, wo sie die Informationen finden können.« Ich frage nach, was damit gemeint sei und wieso sie trotzdem immer wieder gefragt wird. Sie erzählt weiter: »Ich bin eben schon seit langer Zeit im Unternehmen, fast

30 Jahre. Im nächsten Monat feiere ich mein Jubiläum. Und ich habe in dieser Zeit natürlich viel Wissen angesammelt und werde gerne um Hilfe gebeten. Die Kollegen sind schneller, wenn sie mich fragen. Aber die meisten Informationen sind im Intranet verfügbar, und einige Dinge muss ich sogar selbst nachschlagen.«

Das andauernde Fragen ihrer Kollegen belastete sie sehr, da es sie in letzter Zeit daran hinderte, ihre eigentlichen Kernaufgaben zu erledigen. Was hier offensichtlich geschah, war, dass es dieser Mitarbeiterin schwerfiel, klare Grenzen zu setzen. Sie schätzte ihre Kollegen, und es gefiel ihr, dass sie von ihnen gemocht wurde. Diese Rolle wollte sie nicht aufgeben.

Ich erkundigte mich, ob sie schon einmal versucht hatte, Nein zu sagen. Wie würden ihre Kollegen reagieren, wenn sie sagt, dass sie keine Zeit hat? Da sie jemand war, der es allen recht machen wollte, erschien ihr ein direktes Nein zu abweisend. Gemeinsam erarbeiteten wir jedoch die Strategie, dass sie das nächste Mal nicht sofort ablehnen, sondern den Kollegen mitteilen würde, dass sie im Moment keine Zeit habe, aber sich später gerne darum kümmern werde. Der Vorteil dieser Methode liegt klar auf der Hand: In der Regel klärt sich die Angelegenheit in der Zwischenzeit, da sich die Kollegen selbst darum kümmern. Sie sagte, dass sie das demnächst einmal ausprobieren werde, bedankte sich und verließ das Besprechungszimmer.

Wie sieht es bei dir aus? Bist du ebenfalls ein »People Pleaser«? Ist es dir wichtig, was deine Kollegen über dich denken? Strebst du mit aller Kraft danach, gemocht zu werden? Falls du diese Fragen eindeutig mit Ja beantwortest, ist das nicht grundsätzlich negativ. Stellst du allerdings fest, dass dieses »People Pleasing« dich oft unter Stress setzt, weil du zu viel für deine Kollegen tust, dann ist es an der Zeit, etwas zu ändern.

Denn Selbstfürsorge und exzessives »People Pleasing« schließen einander aus. Daher solltest du dir genau überlegen, was du nur deshalb tust, um anderen zu gefallen.

Und vielleicht ist es ja möglich, sich von einigem davon zu befreien.

Verändern da, wo wir können

»Im Leben gibt es zwei Arten von Problemen.
Probleme, die man angehen und lösen kann.
Probleme, auf die man keinerlei Einfluss hat.«
Dalai Lama

Egal, welchen Beruf du ausübst oder für welchen Arbeitgeber du tätig bist, es wird im Leben immer Dinge geben, die dich belasten und außerhalb deiner Kontrolle liegen. Wir neigen dazu, gerade über Dinge, die wir nicht ändern können, intensiv nachzudenken. Wir grübeln, wie wir mit ihnen umgehen sollen, suchen nach möglichen Lösungen oder sorgen uns um deren Auswirkungen auf unser Leben. Sich mit Dingen zu beschäftigen, die man nicht ändern kann, macht definitiv unglücklich. Vielen ist auch nicht klar, wie man mit solchen Problemen umgehen soll. Deswegen bekomme ich in meinen Vorträgen und Workshops häufig kritische Rückmeldungen zu diesem Thema. Oder ironische Anmerkungen wie: »Es ist wirklich nett von Ihnen, dass Sie versuchen, uns zu helfen. Aber bei uns sind Sie definitiv an der falschen Adresse. Sie sollten mit unserem Chef sprechen. Der kann etwas verändern, aber wir können unseren Stresspegel nicht senken.« Ein weiteres Thema, das im Zusammenhang mit nicht beeinflussbaren Belastungen häufig vorkommt, ist der

Umgang mit schwierigen und unangenehmen Kunden, mit denen man sich auseinandersetzen muss.

Angesichts dieser Herausforderungen haben viele das Gefühl, dass ihnen nichts anderes übrig bleibt, als zu akzeptieren, dass sie in einer solchen Situation nichts tun können, absolut nichts. Schließlich lassen sich andere Menschen nicht ändern, weder der Vorgesetzte noch die Kollegen oder gar die Kunden. Was bleibt einem angesichts dessen also noch übrig?

In solchen Momenten mag es verlockend sein, sich zurückzuziehen. Doch gerade hier wartet eine wertvolle Lektion: Wir können immer etwas tun, selbst wenn es auf den ersten Blick nicht danach aussieht. Unter anderem haben wir die Möglichkeit, unsere Probleme in den »Circle of Influence« einzuteilen, wie es Steven Covey beschreibt.[36] Dieser »Circle of Influence« ist ein Kreis, in dem sich ein weiterer – kleinerer – Kreis befindet, in dem jene Aspekte liegen, die du beeinflussen kannst. Dazu zählen deine Ziele und dein Verhalten, deine bewussten Handlungen sowie deine Reaktionen auf andere Menschen. Im äußeren Kreis sind die Dinge, die du nicht kontrollieren kannst. Das, was andere Menschen tun, denken und fühlen, die Wirtschaft, die Politik und die Gesellschaft. Nehmen wir nun folgenden Wunsch: »Mein Chef soll ein besserer Chef sein.« Ob dein Chef ein guter Chef ist oder nicht, liegt außerhalb deiner Kontrolle. Du kannst also nicht beeinflussen, wie gut oder schlecht dein eigener Vorgesetzter führt.

Du kannst aber natürlich trotzdem etwas tun, um die Wahrscheinlichkeit zu erhöhen, dass sich dein Chef dir gegenüber wie ein kompetenter und wertschätzender Vorgesetzter verhält. Du kannst stets freundlich zu ihm sein, ihn in seinen Anliegen unterstützen und gute Leistungen erbringen. Auch im nächsten Kapitel »Führung von unten« wirst du neuartige Methoden kennenlernen, wie du dein Verhältnis zu deinem Vorgesetzten signifikant verbessern kannst. Doch auch wenn du all diese Maßnahmen ergreifen kannst, ist unklar, ob sie letztendlich genau so wirken, wie du es dir erhoffst. Du kannst also etwas dafür tun, dass dein Wunsch sich erfüllt, aber kontrollieren kannst du es nicht. Das ist ein wichtiger Unterschied.

Für deine Gelassenheit und deinen Erfolg ist es aber viel besser, wenn du dich gedanklich im inneren Kreis aufhältst. Denn nur im inneren Kreis kannst du etwas bewirken. Indem du deine Aufmerksamkeit auf den inneren Kreis lenkst, gewinnst du an Energie und Selbstvertrauen. Wenn du dich vermehrt im äußeren Einflussbereich aufhältst, kannst du dich hingegen rasch verloren und machtlos fühlen. Reflektiere daher die Situation, in der du dich gerade befindest. Was hat dazu geführt, dass du dich gestresst fühlst? Wie ist deine Ist-Situation? Die nachfolgenden Fragen können als Leitfaden dienen, um deinem eigenen Befinden auf den Grund zu gehen: Was ist passiert? Was fühle ich? Welche Sorgen mache ich mir? Was sage ich zu mir selbst? Wer ist alles beteiligt? Wer hat was getan und gesagt oder wer hat was nicht getan und gesagt? Was ist mein Ziel in dieser Situation? Was haben die anderen für Ziele oder Absichten?

Nachfolgend gebe ich dir ein Beispiel: Das jährliche Mitarbeitergespräch mit deinem Vorgesetzten steht an, und im letzten Jahr ist das Gespräch nicht gut verlaufen. Angesichts dessen empfindest du eine gewisse Besorgnis im Hinblick auf das bevorstehende Gespräch.

Nachdem du dir über die oben erwähnten Fragen Gedanken gemacht hast, listest du die Antworten auf, die dir zu dieser Situation einfallen: Mein Vorgesetzter hat mich per E-Mail über das bevorstehende Gespräch informiert. Ich weiß nicht, welche Punkte er dieses Jahr ansprechen wird. Ich mache mir Sorgen, dass er mit meiner Leistung nicht zufrieden sein könnte. Deswegen fühle ich mich gestresst und unsicher. Mein Ziel ist es, meinen Job zu behalten und zu gegebener Zeit um eine Gehaltserhöhung zu bitten. Die Ziele meines Vorgesetzten sind vermutlich das Wohl des Unternehmens, wahrscheinlich aber auch andere Aspekte, die mir nicht bekannt sind.

Als Nächstes greifst du zu Papier und Stift, um einen Einflusskreis zu zeichnen, indem du all diese Aspekte kategorisierst und einordnest. In den inneren Kreis schreibst du alles, was in deiner Macht liegt, welche Vorbereitungen du für das Gespräch treffen möchtest und wie du auf die Äußerungen deines Vorgesetzten reagieren könntest. In den äußeren Kreis kommen das E-Mail deines Vorgesetzten, deine Sorgen und der Stress, die Ungewissheit über den Ausgang des Gesprächs oder wann es möglich sein wird, eine Gehaltserhöhung zu bekommen – also alle Dinge, die du nicht beeinflussen kannst.

Ergänze im nächsten Schritt nun den inneren Kreis: Schreibe konkrete Dinge auf, die du vor oder in dem Gespräch sagen kannst. Wie kannst du dich auf das Mitarbeitergespräch vorbereiten, damit es optimal abläuft? Vielleicht kannst du zum Beispiel recherchieren, welche Fragen in einem Mitarbeitergespräch üblicherweise gestellt werden. Oder du versuchst, dich daran zu erinnern, welche Fragen dein Vorgesetzter dir im Vorjahr gestellt hat. Überlege dir passende Antworten zu häufig gestellten Fragen. Nimm dir Zeit, um zu reflektieren, welche Leistungen du in jüngster Vergangenheit für das Unternehmen erbracht hast und wo dein Unternehmen von dir profitiert hat. Doch vergiss nicht, auch Bereiche zu erfassen, in denen du dich künftig weiterentwickeln möchtest. Indem du deinen Einflusskreis ausfüllst, gewinnst du eine gewisse Sicherheit und bekommst ein gutes Gefühl für deine Situation. Du erkennst nun, dass alles, was dir weiterhilft, sich im inneren Kreis befindet. Alles, was dich nicht voranbringt, liegt im äußeren Kreis. Den äußeren Kreis kannst du lediglich annehmen und akzeptieren. Aber im inneren Kreis kannst du wirklich etwas tun und umsetzen. Wie sieht das bei dir konkret aus?

Überlege dir, was du heute noch tun kannst, was du selbst in der Hand hast. Bedenke bitte immer, dass wir oft mehr Dinge in der Hand haben, als wir manchmal glauben.

Du wirst bemerken, dass deine negative Stimmung sich auflöst, sobald du mit der Umsetzung beginnst. Dies geschieht aus zwei Gründen: Erstens kommst du ins Tun, und zweitens erlangst du die dringend benötigte Kontrolle zurück.

Fokus auf Lösungen

Eine weitere Möglichkeit, um seine Arbeitssituation zu verbessern, ist, den Fokus auf Lösungen zu richten – anders ausgedrückt: die eigenen Probleme in klare Ziele umzuwandeln. Wenn du dich also gerade darüber ärgerst, dass du ständig Überstunden machen musst, dann formuliere das als Ziel, um zukünftig das Büro rechtzeitig zu verlassen. Wenn es dir schwerfällt, dich abzugrenzen, könnte dein Ziel sein, öfter Nein zu sagen. Wenn du dich von deinem Vorgesetzten im Stich gelassen fühlst, könnte dein Ziel darin bestehen, die Beziehung zu deinem Vorgesetzten zu verbessern. Hierzu empfehle ich auch das nächste Kapitel »Führung von unten«.

Die Umformulierung vom Problem zum Ziel hilft uns dabei, besser mit der Situation zurechtzukommen. Dadurch lenken wir den Fokus auf Lösungen, die uns ein besseres Gefühl vermitteln.

Bevor du Probleme in Lösungen umwandelst, ist es wichtig, alle Belastungen aufzuschreiben, die dir in den Sinn kommen. Nimm dazu ein Blatt Papier und einen Stift und fange einfach an zu schreiben – ungefiltert. Schreibe alles auf, was dich derzeit belastet, ungeachtet der Rechtschreibung oder der Form. Der Hintergrund dieser Übung ist folgender: Wenn wir unsere Probleme aufschreiben, gibt uns das die Möglichkeit, unsere eigenen Gefühle und Gedanken zu reflektieren. Indem wir sie aus unserem Kopf zu Papier bringen, können wir eine klarere Vorstellung von unseren Emotionen bekommen und sie besser verstehen. Das Aufschreiben von negativen Gefühlen kann auch eine Art Ventil sein, um uns von innerem Druck und Anspannung zu befreien.

Sobald du die wichtigsten Belastungen aufgeschrieben hast, kannst du sie nun nach Priorität ordnen. Mein Vorschlag ist, die stärksten Belastungen ganz oben auf die Liste zu setzen. Die kleinen Belastungen kannst du ebenfalls aufschreiben, doch vorerst musst du nicht weiter daran arbeiten. Lasse sie für den Moment beiseite.

Welche belastende Situation steht bei dir nun an erster Stelle auf der Liste? Welche Belastung im Job erscheint dir im Moment als die größte Herausforderung? Beginne mit dieser Situation. Suche nach den positiven Aspekten dieser Belastung, ohne dabei das Wort »nicht« oder »kein« zu verwenden. Nachdem du die positiven Aspekte notiert hast, formuliere deine Belastung in ein konkretes Ziel um. Um diese Übung besser zu veranschaulichen, möchte ich dir ein Beispiel aus meinem beruflichen Alltag geben. Als Arbeitspsychologin bin ich in sehr vielen unterschiedlichen Unternehmen unterwegs und jeden Tag an einem anderen Ort, das ist der typische Außendienst. Natürlich hat dieser viele Vorteile, der Mangel an fixen Kollegen ist aber eine Herausforderung. Manche Firmen besuche ich nur einmal im Monat, was dazu führt, dass meine Verbindungen in diesen Firmen nur oberflächlich sind. In jedem Büro begegne ich Mitarbeitern, und in jeder Teeküche, die ich besuche, werde ich freundlich begrüßt. Doch trotzdem kennt mich dort niemand wirklich. Diese Situation kann auf Dauer belastend sein, da fixe Kollegen im Arbeitsleben eine wichtige Ressource sind, die mir jedoch aufgrund meiner Tätigkeit fehlen. Meine Belastung, die ich zu Papier gebracht habe, lautet daher: »Ich arbeite im Außendienst und habe keine fixen Kollegen. Obwohl ich täglich mit Menschen spreche, vermisse ich die Möglichkeit, jemanden wirklich gut kennenzulernen.«

Während dieser Übung werde ich die Belastungen in konkrete Ziele umwandeln. Zuvor werde ich mir jedoch positive Aspekte dieser Belastungen überlegen. Denn jede Belastung hat auch positive Seiten, selbst wenn das auf den ersten Blick seltsam klingen mag.

1. **Wertvolle Interaktionen:** Obwohl ich als Arbeitspsychologin im Außendienst oft nur kurze Begegnungen habe, bieten diese dennoch die Chance, wertvolle Interaktionen zu erleben. Jeder Kontakt kann mir neue Perspektiven und Einblicke in verschiedene Arbeitsumgebungen und Unternehmenskulturen geben. Einen Einblick in so viele verschiedene Unternehmen zu bekommen, wäre mir verwehrt geblieben, wenn ich fest in einem einzigen Unternehmen angestellt gewesen wäre.

2. **Interaktion mit Kooperationspartnern und anderen Präventivfachkräften:** In den Unternehmen gibt es weitere Präventivfachkräfte, die wie ich als Externe tätig sind und sogar in denselben Unternehmen arbeiten. Es ist besonders wichtig, sich mit diesen Personen zusammenzuschließen und den Kontakt intensiv zu pflegen. Tatsächlich sind sie eine Art von Kollegen und Gleichgesinnten, die ich zwar nicht täglich sehe, mit denen mich aber vieles verbindet. Es macht mir Freude, mit ihnen gemeinsam einen Kaffee zu trinken, da wir ähnlichen Herausforderungen in den Unternehmen gegenüberstehen und ein Austausch mit ihnen äußerst wertvoll ist.

Nachdem ich mir nun also positive Aspekte überlegt habe, formuliere ich meine Belastung in ein Ziel um.

Belastung: Ich habe keine fixen Arbeitskollegen. Ziel: Ich werde mich regelmäßig mit meinen Kooperationspartnern und Präventivfachkräften treffen. Da ich keine festen Kollegen habe, ist es besonders wichtig, dieses Netzwerk zu pflegen.

Zu welchem Ergebnis bist du gekommen? Welche positiven Seiten entdeckst du an deiner negativen Situation? Und wie könnten wir deine Belastung in ein Ziel umformulieren?

Lass uns gemeinsam nach den positiven Aspekten in deiner Situation suchen und darüber nachdenken, wie wir deine Belastung in ein Ziel umwandeln können. Sei offen für neue Perspektiven und Lösungswege, um das Beste aus deiner Situation zu machen und eine positive Entwicklung einzuleiten.

Falls dein Ziel in Verbindung mit deinem Vorgesetzten steht, erfährst du im nächsten Kapitel mehr darüber, wie du Einfluss auf ihn nehmen und von unten führen kannst. Sollten deine Ziele hingegen mit herausfordernden Situationen durch Kollegen oder Kunden am Arbeitsplatz zu tun haben, springe gerne direkt zum Kapitel »Schwierige Menschen am Arbeitsplatz«. Für den Fall, dass deine Ziele eher mit zeitlichen Herausforderungen zusammenhängen, schaue dir gleich das Kapitel »Toolbox Zeitmanagement« an.

FÜHRUNG VON UNTEN

»Der Geführte führt den Führer« – ist das überhaupt möglich? Ja, definitiv. Dieses Phänomen ist nicht nur theoretisch möglich, sondern ich habe es auch in zahlreichen Betrieben immer wieder beobachtet.

Wenn heutzutage jemand über Führung spricht, ist in den meisten Fällen die klassische hierarchische Führung gemeint. Einfach ausgedrückt gibt es einen Chef und Mitarbeiter, und der Chef führt die Mitarbeiter. Auf den ersten Blick mag dies sicherlich korrekt erscheinen. Doch wenn man genauer hinsieht, wird deutlich, dass es in Teams auch häufig Mitarbeiter gibt, denen besonders viel Macht zukommt. Es sind Mitarbeiter, die zwar nicht offiziell den Titel »Chef« tragen, aber dennoch gewisse Vorteile und Befugnisse einer Führungsperson genießen. Wenn ich einen Vergleich zu Flugreisenden ziehen darf, sind es die Business-Class-Passagiere unter den Fluggästen. Sie haben einen Sonderplatz ergattert. Auch wenn Fliegen und somit auch das Arbeiten für niemanden ein dauerhaft entspanntes Unterfangen darstellt, ist Fliegen für die Business-Class-Passagiere trotzdem angenehmer als für jene in der Economy Class. Jeder, der die Business Class nutzen möchte, muss sich ein entsprechendes Ticket kaufen. Doch wo kann ein Mitarbeiter in einem Unternehmen ein vergleichbares »Sonderticket« erhalten? Ein Mitarbeiter mit besonderem Status hat für seine bevorzugte Position weder finanzielle Mittel aufgewendet noch sich jemals für eine spezielle Position beworben. Der außergewöhnliche Status wurde gewissermaßen auf inoffiziellem Wege erlangt. Aus diesem Grund sind diese Mitarbeiter nicht immer die beliebtesten Personen im Team. Manchmal wird behauptet, dass diese Personen eine besondere Beziehung zu ihrem Chef pflegen. Oft wird dieses Phänomen als »Freunderlwirtschaft« abgetan. Doch ganz gleich, wie man es nennt, ich wollte herausfinden, wie es dazu gekommen ist und was diese speziellen Mitarbeiter von den anderen unterscheidet. Deshalb habe ich immer, wenn ich ein solches Phänomen beobachten konnte, ein paar Fragen gestellt. Für die Betroffenen hat es vermutlich wie Small Talk ausgesehen, doch ich hatte dabei einen Hintergedanken: Ich wollte herausfinden, wie man es schafft, so ein Ticket der Business Class zu ergattern, um auch andere über diese Chance zu informieren.

Nachdem ich genügend Beobachtungen gesammelt hatte, habe ich mir Studien angesehen, um herauszufinden, ob meine Beobachtungen wissenschaftlich fundiert sind. Und siehe da, die meisten meiner Beobachtungen wurden bestätigt. Lange Zeit war ich davon überzeugt, dass Sympathie die allein ausschlaggebende Rolle spielt, wenn es darum geht, warum manche Menschen so gut mit ihren Vorgesetzten auskommen und dadurch einen maßgeblichen Einfluss auf sie ausüben können. Auch die fachliche Leistung und das Können der Mitarbeiter standen ganz weit oben auf meiner Liste. »Es ist nicht allzu verwunderlich, dass sich die Leistungsträger im Unternehmen mehr erlauben dürfen«, dachte ich mir. Doch dann stieß ich auch häufig auf Business-Class-Mitarbeiter, die sich in ihrer Leistung nicht maßgeblich von ihren Kollegen unterschieden. Was war bei ihnen also der Grund für ihren besonderen Status?

Im Laufe der Zeit habe ich weitere Erkenntnisse gewonnen, die zeigten, dass der Status dieser Mitarbeiter unabhängig von Sympathie oder Leistung war. Es ist also möglich, dass Menschen Einfluss nehmen, selbst wenn sie nicht zu den besten Mitarbeitern gehören. Weder Sympathie noch Leistung sind also eine Voraussetzung für das »Führen von unten«. Selbstverständlich ist es auch kein Nachteil, wenn man diese beiden Voraussetzungen mitbringt, denn es kann die Sache durchaus vereinfachen. Doch »Führung von unten« ist auch ohne sie möglich.

Reziprozität – das Prinzip der Gegenseitigkeit

Das Geheimnis, wie du eine positive Beziehung zu deinem Chef aufbauen kannst, liegt im Prinzip der Reziprozität.[37] Es besagt, dass Menschen dazu neigen, auf freundliche Handlungen mit Freundlichkeit zu reagieren. Basierend auf der Idee des Gebens und Nehmens, tut eine Person etwas für die andere, und die andere Person fühlt sich daraufhin verpflichtet, etwas Ähnliches zurückzugeben. Dieses Prinzip ist auch als »Eine Hand wäscht die andere« bekannt und stellt eine grundlegende soziale Norm dar, die sich auch auf die Beziehungen am Arbeitsplatz anwenden lässt. Um auf deinen Chef Einfluss zu nehmen, ist es also wichtig, dass du ihm zuerst etwas gibst, bevor du etwas zurückbekommst. Indem du ihm etwas Wertvolles schenkst oder ihn unterstützt, legst du eine Grundlage für eine harmonische Zusammenarbeit.

Es hat sich gezeigt, dass die Mitarbeiter, die ich im vorherigen Kapitel als Business-Class-Mitarbeiter beschrieben habe, ihrem Chef auf vielfältige Weise von Nutzen sind. Sie haben auf irgendeine Weise in ihren Chef investiert, schon lange bevor dieser auf sie aufmerksam wurde. Einige erledigen besondere Aufgaben für das Unternehmen, während andere dem Vorgesetzten in schwierigen Situationen beistehen.

Es gibt auch Mitarbeiter, die den Vorgesetzten in Gruppendiskussionen verteidigen oder wichtige Informationen mit ihm teilen. Es geht dabei nicht darum, welchen spezifischen Gefallen du deinem Vorgesetzten erweist; vielmehr ist es von Bedeutung, dass die Geste von dir ausgeht. Es sollte sich um einen freiwilligen Gefallen handeln, der deinem Vorgesetzten von Nutzen ist.

Sobald es sich um eine klassische Aufgabendelegation handelt, ist es bereits zu spät, das Prinzip der Reziprozität anzuwenden. Viele Mitarbeiter erwarten Anerkennung von ihrem Vorgesetzten, wenn sie einen Arbeitsauftrag erhalten und diesen auf besondere Art ausführen. Ich möchte hier ein Beispiel nennen:

> Ich hatte ein arbeitspsychologisches Coaching mit einem Mitarbeiter. Er war sehr geknickt, weil sein Engagement für die Firma nicht angemessen gewürdigt wurde. Er schilderte mir folgenden Vorfall: Eine Stunde vor Dienstschluss hatte sein Vorgesetzter ihm aufgrund einer dringenden Kundenbeschwerde noch eine Aufgabe zugewiesen, die er erledigen sollte. Es stellte sich heraus, dass sie mehr Zeit in Anspruch nahm als gedacht, und so musste der Mitarbeiter Überstunden leisten. Er blieb länger in der Firma, um die Aufgabe abzuschließen. Dafür erwartete er sich besondere Anerkennung oder zumindest ein Dankeschön von seinem Vorgesetzten. Dieser Wunsch ist absolut verständlich. Ein Großteil der Beschäftigten würde ähnlich denken. Jedoch lässt sich auf dieses Beispiel das Prinzip der Reziprozität nicht anwenden. Denn es wurde ein Arbeitsauftrag erteilt, und dass dieser erfüllt wurde, sah der Vorgesetzte nicht als Gefallen an, sondern als Teil der regulären Aufgaben des Mitarbeiters. Dass die aufgetragene Arbeit erledigt wurde, war für den Vorgesetzten also nichts Außergewöhnliches. Zudem ergab eine genaue Nachfrage, dass der Vorgesetzte nicht wusste, dass der

Mitarbeiter dafür Überstunden hatte leisten müssen, weil dies ihm gegenüber nie erwähnt wurde. Wie hätte der Vorgesetzte den Mitarbeiter also loben sollen, wenn er von der zusätzlichen Anstrengung gar nichts wusste?

Tu Gutes und sprich darüber

Dieses Beispiel verdeutlicht einmal mehr, wie wichtig der Grundsatz »Tu Gutes und sprich darüber« ist. Wenn auch du der Meinung bist, dass du hervorragende Arbeit leistest, ist es wichtig, davon zu berichten. Vorgesetzte haben in der Regel viele Aufgaben und sind für mehrere Mitarbeiter verantwortlich. Es kann durchaus vorkommen, dass sie ohne böse Absicht den Überblick verlieren und möglicherweise nicht immer alle Leistungen und Beiträge der Mitarbeiter im Detail wahrnehmen. Indem du deine Erfolge teilst, hilfst du ihnen, deine Leistung angemessen anzuerkennen.

Dieser Ansatz wird jedoch selten angewendet. Schließlich möchte man nicht mit seinen Leistungen angeben oder sich selbst loben. Viele haben auch die Befürchtung, arrogant zu wirken, und entscheiden sich daher dafür, nichts zu sagen. Dennoch lässt sich möglicherweise ein gesundes Maß finden. Als Arbeitspsychologin beobachte ich häufig, dass Mitarbeiter traurig sind, weil sie zu wenig Wertschätzung erfahren, während andere, die ihnen diese Wertschätzung entgegenbringen sollten, gar nichts von deren Arbeitsleistung wissen. Durch mangelnde Kommunikation entstehen oft Missverständnisse.

Solltest du das Gefühl haben, zu wenig Wertschätzung zu bekommen, ist es also sinnvoll, darüber nachzudenken, ob dein Chef tatsächlich weiß, was du leistest.

Wenn du jedoch nach reiflicher Reflexion zu der Erkenntnis kommst, dass dein Chef sehr wohl darüber im Bilde ist, was du für die Firma tust, aber dennoch keine angemessene Wertschätzung zum Ausdruck bringt, dann hast du in diesem Bereich bereits alles getan, was du tun kannst. Es ist möglich, dass dein Vorgesetzter Schwierigkeiten hat, positives Feedback zu geben. Und vielleicht betrifft dieses Problem ja nicht nur dich, sondern auch deine Kollegen. Dann kannst du dir sicher sein, dass es nicht an dir liegt. Entweder kann dein Vorgesetzter keine Wertschätzung zeigen, oder aber er hält nichts davon. In diesem Fall kannst du durch das Prinzip der Reziprozität Einfluss auf ihn nehmen. Auch wenn er dir seine Anerkennung vorenthält, besteht die Möglichkeit, dass er sich bei dir für die Gefallen, die du ihm erweist, erkenntlich zeigt.

Reziprozität – was du tun kannst

Jetzt bist du an der Reihe. Wie kannst du das Prinzip der Reziprozität bei deinem Vorgesetzten anwenden? Denken wir genauer darüber nach, wie dein Vorgesetzter tickt. Gibt es etwas, das du ihm anbieten könntest, um sein Leben zu erleichtern? Wo oder wie könntest du ihn unterstützen? Was fehlt ihm und wo liegen deine Stärken, die ihm von Nutzen sein könnten?

Im Folgenden möchte ich dir einige Ideen vorstellen, die du nach sorgfältiger Überlegung und Anpassung vielleicht übernehmen kannst:

Zeige aktives Engagement für deine Arbeit und sei bereit, über das normale Maß hinauszugehen, um zum Erfolg des Unternehmens beizutragen. Zeige Interesse an den Herausforderungen und Erfolgen deines Vorgesetzten und sei verständnisvoll, falls einmal etwas nicht wie gewünscht funktioniert. Akzeptiere die Fehler deines Vorgesetzten und trage ihm diese nicht nach.

Stelle Fragen zu den Erwartungen und Zielen für das Unternehmen und sei proaktiv, indem du kreative Ideen oder

Lösungsvorschläge einbringst, die das Unternehmen voranbringen könnten. Biete deine Hilfe an und unterstütze deinen Vorgesetzten in seinen Aufgaben, wo immer du kannst.

Dies sind lediglich ein paar allgemeine Vorschläge. Es gibt zahlreiche Möglichkeiten, wie du das Prinzip der Reziprozität anwenden kannst, es sollte jedoch stets aus eigener Initiative geschehen.

Denke daran, dass es ein wenig Zeit braucht, bis Reziprozität sichtbar wird. Bleibe geduldig und respektvoll, auch wenn du nicht sofort eine direkte Reaktion erhältst. Es braucht Zeit, bis deine Bemühungen Erfolg haben, aber es wird sich letztendlich auszahlen.

Neuverhandeln-nach-Zurückweisung-Taktik

»Sie bekommen nicht, was Sie verdienen,
sondern was Sie verhandeln.«
Hermann Scherer

Um Einfluss auf deinen Vorgesetzten zu nehmen, gibt es auch noch eine weitere ausgeklügelte Methode, die sich Neuverhandeln-nach-Zurückweisung-Taktik nennt.[38] Diese Methode funktioniert nach einem einfachen Muster und basiert ebenfalls auf dem Prinzip der Reziprozität. Angenommen, du hättest gerne, dass dein Chef dir eine Bitte erfüllt. Oder du möchtest mit deinem Chef etwas Bestimmtes aushandeln. Eine Möglichkeit, die die Chancen erhöht, dass dein Chef tut, was du möchtest, besteht darin, eine Bitte zu formulieren. Diese Bitte sollte so formuliert sein, dass dein Chef ihr mit hoher Wahrscheinlichkeit nicht nachkommen wird. Nachdem die erste Bitte abgelehnt wurde, bringe die eigentliche, kleinere Bitte vor, an deren Erfüllung du von Anfang an interessiert warst. Wenn du es geschickt formulierst, wird dein Chef die zweite Bitte voraussichtlich nicht ablehnen können.

Durch die Ablehnung der ersten Bitte entsteht eine psychologische Dynamik, die den Vorgesetzten dazu veranlassen kann, der zweiten Bitte nachzukommen.

Dieses Phänomen der Neuverhandeln-nach-Zurückweisung-Taktik wurde in mehreren Studien untersucht und konnte immer wieder bestätigt werden. Es ist jedoch entscheidend, dass die erste Bitte oder Forderung nicht übermäßig übertrieben ist. Wenn zum Beispiel bei einer jährlichen Gehaltsverhandlung ein Gehaltsvorschlag gemacht wird, der weit von der Realität entfernt ist, könnte sich der Vorgesetzte so ärgern, dass eine weitere Verhandlung erschwert wird. Möglicherweise wird er dich als Verhandlungspartner nicht mehr ernst nehmen, und deine Taktik wird im Sand verlaufen. Es ist daher wichtig, als erste Bitte etwas vorzuschlagen, das zwar bereits höher als das Ziel liegt, aber nicht allzu übertrieben ist. Das Interessante an dieser Taktik ist, dass sie selbst dann funktionieren kann, wenn man sie nicht bewusst anwendet. Das folgende Beispiel soll dies veranschaulichen:

> Der Mitarbeiter wünschte sich einen Firmenwagen, obwohl er wusste, dass dies schwierig werden könnte, da nur wenige Mitarbeiter im Unternehmen einen Firmenwagen erhalten. Trotzdem entschied er sich, nach dem Motto »Fragen kostet nichts« mit dieser Bitte in die jährliche Gehaltsverhandlung zu gehen. Er bereitete sich sorgfältig vor und überlegte sich Argumente, um seinen Chef zu überzeugen. Sein Hauptargument war, dass ein Kollege mit ähnlicher Funktion und Leistung kürzlich einen Firmenwagen erhalten hatte. Er war gespannt, welche Gründe sein Vorgesetzter nennen würde, um ihm den Firmenwagen zu verwehren. Der Tag des Mitarbeitergesprächs kam, und der Mitarbeiter brachte wie geplant seine Bitte vor und legte seine Argumente dar. Die Bitte

wurde von seinem Vorgesetzten jedoch sofort kategorisch zurückgewiesen. »Dieses Jahr ist das Kontingent bereits ausgeschöpft«, hieß es. Das traf den Mitarbeiter sehr, aber er fand sich damit ab. Im weiteren Verlauf des Gespräches wurden auch die Gehaltsanpassungen verhandelt, und entgegen seiner Erwartung erhielt der Mitarbeiter in diesem Jahr eine besonders gute Gehaltserhöhung sowie zusätzlich eine Erfolg versprechende Prämie. Die Neuverhandlung-nach-Zurückweisung-Taktik hatte funktioniert, und das, obwohl der Mitarbeiter nicht einmal bewusst darauf abgezielt hatte. Während er im einen Moment noch über den Firmenwagen nachdachte, freute er sich im nächsten umso mehr über die unerwartete finanzielle Anerkennung und dachte sich: »Ich hätte nicht geglaubt, dass ich auch ohne Firmenwagen zufrieden aus dem Gespräch gehen könnte.«

Passend zu diesem Beispiel ist es wichtig zu betonen, dass diese Taktik höchstwahrscheinlich nicht in einer klassischen Gehaltsverhandlung funktioniert hätte. Denn Vorgesetzten ist durchaus bewusst, dass Mitarbeiter oft überhöhte Forderungen stellen, um eine bessere Ausgangsposition für die Gehaltsverhandlung zu haben. Diese Verhandlungstaktik ist allgemein bekannt. Das genannte Beispiel konnte nur deshalb funktionieren, da es dem Vorgesetzten äußerst unangenehm war, dass ein Kollege mit gleicher Leistung einen Firmenwagen erhalten hatte, dieser Mitarbeiter jedoch nicht. Aus diesem Grund entschied er sich, das verbleibende Budget für eine Gehaltserhöhung zu verwenden.

Anerkennung für den Vorgesetzten

»Gegen Angriffe kann man sich wehren,
gegen Lob ist man machtlos.«
Sigmund Freud

Es ist in der Arbeitswelt – und auch in der Fachliteratur – weithin anerkannt, dass ein Vorgesetzter seinen Mitarbeitern positives Feedback geben sollte. Obwohl dies in der Praxis nicht immer konsequent umgesetzt wird, würde kaum jemand dieser Aussage widersprechen. Es ist jedoch eher unüblich, dass Mitarbeiter ihren Vorgesetzten loben. Falls überhaupt, tut dies nur eine Minderheit, denn dies liegt einfach nicht in der Verantwortung eines Mitarbeiters.

Bei der Suche nach Gründen, warum das so ist, werden vermutlich viele behaupten, dass Feedbackgeben ein integraler Bestandteil von Führung ist und daher auch zu den Aufgaben einer Führungskraft gehört. Das stimmt zweifellos. Mitarbeiter haben andere Aufgaben, die nicht primär darin bestehen, Feedback zu geben oder ihre Dankbarkeit auszusprechen. Darüber hinaus könnte man sich fragen, warum man überhaupt jemanden loben sollte, wenn man selbst kaum Lob erhält. Auch diese Frage ist berechtigt. Es ist verständlich, dass die Motivation, Lob und Anerkennung auszusprechen, abnimmt, wenn man selbst nicht in ausreichendem Maße Lob bekommt. Darüber hinaus gibt es auch eine gewisse Hürde, dem Vorgesetzten Feedback zu geben. Für viele ist das eine Frage der Hierarchie und des Respekts. Häufig fällt daher die Entscheidung, lieber nichts zu sagen.

Dennoch ändert das nichts an der Tatsache, dass Vorgesetzte selten positives Feedback erhalten. Das kann je nach Persönlichkeitsstruktur sehr belastend für manche von ihnen sein. Ich beobachte häufig, dass Vorgesetzte sehr damit zu kämpfen haben, und ich behaupte sogar, dass einige von ihnen, obwohl sie anfangs motiviert und enthusiastisch waren, sich im Laufe der Zeit zurückentwickelt haben. Die anfänglichen Hoffnungen scheinen verloren gegangen zu sein, und die Realität ist ernüchternd. Dies liegt daran, dass Vorgesetzte nicht nur kein positives Feedback erhalten, sondern umso öfter mit negativem Feedback und Kritik konfrontiert werden. Sie sind diejenigen, die die Verantwortung übernehmen müssen, wenn etwas nicht wie gewünscht funktioniert.

Diese Tatsache kannst du für dich nutzen. Vorgesetzte sind wie jeder Mensch auf Anerkennung angewiesen. Da es so selten ist, dass Vorgesetzte Lob und Anerkennung erhalten, kannst du mit deiner Anerkennung besonders punkten.

Wenn man bedenkt, dass der Ausdruck von Wertschätzung und Anerkennung Teil einer Führungsaufgabe ist, dann ist dies auch deine Aufgabe, wenn du von unten führen möchtest. Indem du ihm deine Anerkennung zeigst, vermittelst du deinem Vorgesetzten ein positives Gefühl, da dabei im Gehirn Glückshormone wie Dopamin freigesetzt werden. Und von allem, was sich gut anfühlt, hätten wir gerne mehr. Daher wird sich dein Vorgesetzter in der Zusammenarbeit mit dir besonders bemühen. Er wird sogar Schritte unternehmen, um die Zusammenarbeit mit dir zu verbessern. Aber Achtung: Damit das positive Feedback den gewünschten Effekt hat, muss es aufrichtig gemeint sein. Unehrliches Feedback wird nicht ernst genommen und hat auch keinerlei Auswirkungen auf das Verhalten deines Vorgesetzten. Beziehe deine Rückmeldung daher auf spezifische Situationen oder Ereignisse und nenne konkrete Beispiele. Je genauer du dein Feedback formulierst, desto wirkungsvoller wird es sein. Besonders effektiv ist das Feedback, wenn es unmittelbar erfolgt.

Mensch ärgere dich nicht

»Wer sich ärgert, büßt die Sünden anderer Leute.«
Konrad Adenauer

Wenn ich mit Mitarbeitern über die Möglichkeit spreche, ihren Vorgesetzten zu loben, höre ich oft, dass dies einfach nicht möglich sei. Sie fragen sich, wie sie ihren Vorgesetzten loben sollen, wenn dieser sich in vielen Situationen nicht korrekt verhält und aus verschiedenen Blickwinkeln betrachtet keine gute Führungskraft ist. Zudem ist unklar, wofür genau ein Lob angebracht wäre.

In solchen Situationen sage ich meistens etwas Ähnliches wie: »Ich bin mir bewusst, dass der Vorgesetzte sicherlich viele Schwächen hat, und wenn ihr möchtet, können wir uns gerne zuerst über die Schwächen unterhalten. Aber im Anschluss werden wir einen Blick auf seine Stärken werfen. Nur weil wir über die Stärken nachdenken, bedeutet das keinesfalls, dass der Vorgesetzte keine Schwächen hat.«

Bist du manchmal auch damit beschäftigt, dich über deinen Vorgesetzten zu ärgern? Oder fühlst du dich verletzt und traurig aufgrund von Erwartungen oder Entscheidungen deines Vorgesetzten? In diesem Fall empfindest du genauso wie viele andere. Es ist völlig normal, sich über seinen Chef Gedanken zu machen und sich über seine Schwächen zu ärgern. Schließlich begegnen uns in der Arbeitswelt zahlreiche Herausforderungen, und zweifellos gibt es angenehmere Dinge, als sich mit den negativen Seiten des Vorgesetzten auseinanderzusetzen. Aus diesem Grund kommt es häufig vor, dass viele bewusst oder unbewusst darauf warten, dass sich ihr Vorgesetzter ändert. Denn es wäre vieles einfacher, wenn der Chef dies und das anders sehen und anders angehen würde. Viele sind auch der Meinung, dass sich etliche Probleme in Luft auflösen würden, wenn der Chef mehr Verständnis zeigen würde. Daher warten sie nicht nur darauf, sondern möchten auch in irgendeiner Form einfordern, dass ihr Chef sich ändert.

Aber das wird nicht passieren. Selbst wenn ich nun vielleicht deine Illusion zerstöre, möchte ich dennoch auf Folgendes hinweisen.

Vorgesetzte, die sich selbst reflektieren, arbeiten ständig daran, ihre Führungsstrategien zu verbessern. Vorgesetzte, die das nicht tun und nicht an sich arbeiten, sehen sich eben nicht als Chefs mit Verbesserungspotenzial.

Ihre Schwächen, egal, ob sie ihnen bekannt sind oder nicht, werden nicht dazu führen, dass sie etwas an sich ändern und sich selbst optimieren. Möglicherweise sehen sie sich selbst anders, als sie von anderen wahrgenommen werden. Die Diskrepanz zwischen Fremd- und Selbstwahrnehmung kann in so einem Fall hoch sein. Das mag für manche Mitarbeiter pessimistisch klingen, stimmt aber in den meisten Fällen und deckt sich mit dem allgemeinen Grundsatz »Andere Menschen kann man nicht ändern«.

Ich habe in zahlreichen Mitarbeiterbefragungen hautnah miterlebt, dass Führungskräfte selbst bei negativen Rückmeldungen unbeeindruckt bleiben. Auch wenn Mitarbeiter ihre Führungsqualität niedrig bewertet haben, lassen sie sich davon nicht beirren. Stattdessen finden sie Gründe, warum die Werte niedrig sind. Möglicherweise geben sie ihren Mitarbeitern die Schuld daran oder schieben die Verantwortung auf schwierige Zeiten im Unternehmen. Es ist auch mehr als einmal vorgekommen, dass mir als Arbeitspsychologin die Verantwortung für schlechte Ergebnisse zugeschrieben wurde – einfach aus dem Grund, weil ich die Ergebnisse ausgewertet habe. Nach dem Motto »Der Bote ist der Täter« musste ich die Konsequenzen tragen. Egal, welche Rechtfertigungen diese Art von Vorgesetzten vorbringen oder welche Gründe sie anführen – sie suchen die Schuld immer bei anderen und nicht bei sich selbst.

An dieser Stelle möchte ich betonen, dass das natürlich nicht auf alle Vorgesetzten zutrifft. Es gibt viele Chefs, die äußerst selbstreflektiert sind, in manchen Fällen sogar in übertriebenem Ausmaß. Doch ich möchte dieses Thema bewusst überspitzt darstellen, um Folgendes zu verdeutlichen: Es ist nahezu ausgeschlossen, dass sich ein Vorgesetzter, dessen Schwächen und Fehler allgemein bekannt sind, plötzlich grundlegend ändern wird. Denn darauf wirst du vergeblich warten.

Was aber können wir tun, wenn wir Situationen oder Menschen nicht ändern können? In diesem Fall bleibt uns nichts anderes übrig, als uns selbst zu verändern. Wir können unseren Blickwinkel auf unseren Vorgesetzten ändern, ihn besser verstehen lernen und das Ruder selbst in die Hand nehmen, indem wir uns ihm gegenüber anders verhalten.

Verständnis aufbauen

Insbesondere wenn du den Eindruck hast, dass dein Chef sich nicht wie ein guter Vorgesetzter verhält, ist es wichtig, die Hintergründe dafür herauszufinden. Versetzen wir uns eine Weile in ihn hinein und versuchen wir, seine Perspektive einzunehmen. Um Verständnis aufzubauen, ist es wichtig zu wissen, dass sich die meisten Vorgesetzten, vor allem Führungskräfte im mittleren Management, in einer Sandwich-Position befinden. Sie stehen oft zwischen den Erwartungen des oberen Managements und den Bedürfnissen und Anliegen ihrer Mitarbeiter. Es kann schwierig sein, diese Erwartungen in Einklang zu bringen, da sie möglicherweise miteinander in Konflikt stehen. Aufgrund der Zielkonflikte sehen sich Führungskräfte oft einer doppelten Herausforderung gegenüber: Einerseits werden sie vom oberen Management kritisiert, andererseits von ihren eigenen Mitarbeitern.

Nun stellt sich die Frage, welche Kritik für sie mehr Gewicht hat. Sollen sie das obere Management zufriedenstellen und die Interessen des Unternehmens fördern oder die Zufriedenheit der Mitarbeiter verbessern? Beides gleichzeitig zu erreichen, ist in vielen Fällen eine unlösbare Aufgabe. Ich werde nie das Gespräch mit einer Führungskraft vergessen, die gerade dabei war, ihre Position aufzugeben, und mir den Grund dafür erläuterte. Ich möchte die Branche hier nicht erwähnen, doch um dieses Beispiel zu verstehen, ist es wichtig zu wissen, dass es dabei nicht um Büroarbeit geht.

> Seine Worte waren zugegebenermaßen sehr negativ: »Ich kann das einfach nicht, Menschen wie Sklaven behandeln«, meinte er. »Wenn wir mit der Arbeit fertig werden müssen, bereits tagelang Überstunden geleistet haben und ich sehe, dass die Arbeiter keinen geraden Schritt mehr machen können und kurz vor dem Zusammenbruch stehen: Soll ich ihnen befehlen, dass sie weitermachen sollen? Das schaffe ich nicht, ich bringe es einfach nicht übers Herz. Also gebe ich meine Verantwortung freiwillig wieder ab. Selbstverständlich habe ich diese Entscheidung gründlich überdacht, da mein Einkommen dadurch erheblich sinken wird. Ich bin jedoch bereit, das in Kauf zu nehmen, solange ich wieder ein ruhiges Gewissen habe.«

Das ist zweifellos ein Extrembeispiel, und ich habe auch noch nie zuvor oder danach von einer derartigen Situation gehört. Man weiß auch nicht, ob diese Ansicht verzerrt ist und es sich tatsächlich so zugetragen hat. Dennoch veranschaulicht es auf eindrückliche Weise, wie Vorgesetzte oft zwischen den Anforderungen des oberen Managements und dem Wohl ihrer eigenen Mitarbeiter hin- und hergerissen werden. Sie müssen die Vorgaben umsetzen, wenn nötig, auch auf Kosten der Mitarbeiter.

Ich lade dich nun dazu ein, über die Situation mit deinem Vorgesetzten nachzudenken. Gibt es Dinge, die von dir erwartet werden und die nicht mehr zumutbar sind? Werden Tätigkeiten an dich delegiert oder von dir verlangt, die bei genauerem Betrachten unmenschlich und mit großer Sicherheit psychisch sehr belastend sind? Dann könnte es sein, dass dein direkter Vorgesetzter diese Entscheidungen nur weiterdelegiert und sie nicht selbst getroffen hat.

Ich möchte damit den Druck, der an dich weitergegeben wird, keinesfalls gutheißen. Aber vielleicht hilft dir diese Erkenntnis dabei, dich weniger über deinen Vorgesetzten zu ärgern und seine Rolle besser zu verstehen. Sobald du dich deinem Vorgesetzten gegenüber öffnest, wird sich die Beziehung zu ihm verändern. Du wirst ihm mehr Verständnis entgegenbringen können, und das wird er mit großer Wahrscheinlichkeit früher oder später bemerken.

Feedback einholen

Es kann herausfordernd für dich sein, Verständnis für deinen Vorgesetzten zu entwickeln. Denn wie kannst du jemanden verstehen, der dich selbst nicht zu verstehen scheint? Wie sollst du jemanden wertschätzen, der dir selbst keine Wertschätzung entgegenbringt?

Die Frage fehlender Wertschätzung wurde in einer meiner Gruppen-Workshops im Rahmen der Evaluierung der psychischen Belastungen diskutiert. Im Fragebogen wurde bemängelt, dass es zu wenig Rückmeldungen über die Arbeit gibt und generell zu wenig Feedback. Und wenn doch etwas gesagt wird, ist es meist negativ. Besonders verärgert waren die Mitarbeiter darüber, dass ihnen eigentlich mehr Feedback versprochen wurde. Denn es wurde im Unternehmen bereits über die Einführung von Feedback-Gesprächen diskutiert, bei denen sich der Vorgesetzte Zeit für die Mitarbeiter nehmen sollte, um gemeinsam zu reflektieren.

Die Feedback-Gespräche verliefen jedoch im Sand, und die Mitarbeiter waren enttäuscht. Erneut wurde etwas versprochen, das letztendlich nicht umgesetzt wurde – ein weiteres klares Zeichen für mangelnde Wertschätzung, da waren sich die Mitarbeiter einig.

Als wir Maßnahmen zur Reduktion der psychischen Belastung erarbeiteten und darüber sprachen, wie die Wertschätzung gesteigert werden könnte, brachte ein Mitarbeiter einen Vorschlag ein, den er selbst bereits in die Tat umsetzte. Seine Kollegen waren überrascht, da sie davon nichts wussten. Der Mitarbeiter schlug vor, das Gespräch selbst aktiv einzufordern und sich auf diese Art Feedback vom Vorgesetzten einzuholen. Er selbst hatte dies bereits ausprobiert – mit positivem Ergebnis.

> Er hatte im vergangenen Jahr festgestellt, dass die Feedbackgespräche nicht umgesetzt wurden. Daraufhin forderte er diese aktiv ein, indem er seinen Vorgesetzten nach einem passenden Termin für das Gespräch fragte. Während des Feedbackgespräches erkundigte er sich dann nach der Einschätzung seines Vorgesetzten. Er wollte genau wissen, ob dieser mit seiner Leistung zufrieden war und ob es Bereiche gab, in denen er sich verbessern könnte. Durch diese Vorgehensweise gelang es ihm, aktiv Feedback von seinem Vorgesetzten einzuholen. Ohne sein persönliches Engagement wäre dies nicht möglich gewesen. Seine Kollegen waren überrascht und erkundigten sich erstaunt, warum er die Initiative ergriffen hatte. Seine Antwort lautete: »Nun ja, geschenkt wird einem heutzutage ja nichts mehr – und warum sollte ich nicht einfordern, was mir zusteht?«

Wenn auch du das Gefühl hast, zu wenig Wertschätzung zu erfahren, unabhängig davon, ob es in deinem Unternehmen Feedbackgespräche gibt oder nicht, könnte es eine Option sein, gezielt nach Rückmeldung zu fragen, ähnlich wie im vorherigen Fall beschrieben. Auf diese Art kannst du herausfinden, was deinem Vorgesetzten an deiner Arbeit gefällt und welche Stärken er bei dir sieht.

Wenn er in der Lage ist, konstruktives Feedback zu geben, wird er bestimmt auf deine Bitte eingehen. Solltest du dennoch keine Rückmeldung erhalten, obwohl du explizit danach gefragt hast, ist er dazu vielleicht nicht imstande. Wie in diesem Kapitel bereits erwähnt, gibt es Menschen, die Schwierigkeiten haben, Lob auszusprechen. Nimm es also nicht persönlich, wenn dem so ist. So erkennst du zumindest, dass es nicht an dir liegt, sondern dass dein Vorgesetzter in dieser Hinsicht Schwierigkeiten hat.

Wenn nichts mehr geht

In diesem Kapitel habe ich dir anhand von Beispielen gezeigt, wie du dich besser mit deinem Vorgesetzten arrangieren kannst. In den allermeisten Fällen ist dies möglich. Es gibt jedoch auch Ausnahmen und Extremsituationen, bei denen es möglicherweise besser wäre, eine Kündigung in Betracht zu ziehen. Bitte lies hierzu auch das letzte Kapitel »Kündigung als letzter Ausweg«.

Wenn dein Chef dein Arbeitsleben deutlich erschwert und sich über einen längeren Zeitraum wie eine toxische Führungskraft verhält, könnte es ratsam sein, das sinkende Boot zu verlassen. Es gibt bestimmte Anzeichen dafür, dass du in übertriebenem Ausmaß unter deinem Vorgesetzten leiden musst.

Persönlich habe ich das in Firmen erlebt, in denen besonders cholerische Führungskräfte tätig waren. In diesem Fall wird auf Stress oder Frustration mit unkontrollierter

Wut reagiert, die sich in lautem Schreien, Beleidigungen oder sogar Drohungen äußern kann. Mitarbeiter wissen oft nicht, wie die cholerische Führungskraft reagieren wird, da ihr Verhalten unvorhersehbar und inkonsistent ist. Ein weiteres Beispiel für eine ungesunde Situation sind Führungskräfte, die aufgrund eines extremen Mikromanagements ihre Mitarbeiter stark einengen. Das ständige Kontrollieren und Einmischen in nahezu jede Aufgabe und Entscheidung führt zu einem Gefühl der Unsicherheit und Frustration. Manche Führungskräfte setzen auch manipulatives Verhalten ein, um ihre Ziele durchzusetzen, ohne Rücksicht auf die Konsequenzen für die Mitarbeiter. Zudem gibt es Führungskräfte, die ihre Mitarbeiter herabsetzen oder beleidigen, was unter Bossing-Verhalten fällt.

Eine toxische Führungskraft hat nicht nur auf dich Auswirkungen, sondern auch auf deine Kollegen, die ebenfalls darunter leiden. Dies zeigt sich an einer erhöhten Mitarbeiterfluktuation in deiner Abteilung, da viele Kollegen das Weite suchen. Gleichzeitig scheint in anderen Abteilungen des Unternehmens alles in Ordnung zu sein. Das Problem liegt also offenbar nicht im Unternehmen selbst, sondern es beschränkt sich auf die eigene Abteilung. In solchen Fällen kann es ratsam sein, nach Alternativen zu suchen und das Arbeitsumfeld zu verlassen, um Schaden an der eigenen Psyche zu vermeiden.

SCHWIERIGE MENSCHEN AM ARBEITSPLATZ

Eine der wichtigsten Quellen für Zufriedenheit oder Unzufriedenheit im Job liegt oft in den zwischenmenschlichen Beziehungen am Arbeitsplatz. Die Menschen, mit denen wir täglich zusammenarbeiten, sind einer der zentralen Gründe dafür, ob wir unseren Job als erfüllend oder belastend empfinden.[39] In diesem Zusammenhang sind Vorgesetzte und Führungskräfte zweifellos wichtige Einflussfaktoren, wie im letzten Kapitel erläutert, aber sie sind keineswegs die einzigen. Kollegen und sogar externe Personen wie Kunden oder Geschäftspartner beeinflussen gleichermaßen, ob wir unseren Arbeitsalltag als angenehm harmonisch oder eher als stressig und unangenehm empfinden.

Daher gibt es viele Menschen, die ihre eigentliche Arbeit vielleicht nicht besonders schätzen und auch kein großer Fan ihres Vorgesetzten, aber dennoch sehr zufrieden mit ihrem Job sind. Ihr Glück ziehen sie vor allem aus den Beziehungen zu ihren Kollegen. Diese Menschen gehen jeden Tag gerne zur Arbeit, um ihre Arbeitskameraden zu treffen und gemeinsam eine angenehme Zeit zu verbringen.

Auf der anderen Seite gibt es aber auch Menschen, die für ihre Arbeit brennen und ihre Tätigkeit lieben, jedoch unglücklich sind, weil das Arbeitsklima alles andere als harmonisch ist. Falls dir das bekannt vorkommt, weil dir sofort ein paar problematische Personen in deiner Arbeitsumgebung einfallen, dann erfährst du hier von ein paar hilfreichen Strategien, um besser mit ihnen auszukommen. In diesem Kapitel liegt mein Fokus daher auf der zwischenmenschlichen Zusammenarbeit, insbesondere auf der Interaktion mit schwierigen Persönlichkeiten am Arbeitsplatz, wie unliebsame Kollegen oder Kunden. Solche problembehafteten Personen können unseren Arbeitsalltag erheblich beeinflussen und uns den Tag vermiesen, sodass es sich auszahlt, dieses Thema genauer zu beleuchten. Wir werden uns anhand von konkreten Fallbeispielen mit diesen schwierigen Menschen auseinandersetzen, denn das Allerwichtigste ist, Wege zu finden, wie wir mit ihnen umgehen können. Egal, ob es sich um den immer kritischen Kollegen, den ungeduldigen Kunden oder andere herausfordernde Charaktere handelt – wir werden gemeinsam Gründe erkunden, warum diese Menschen als schwierig wahrgenommen werden, welche Schwierigkeiten sie in der Zusammenarbeit verursachen, und vor allem herausfinden, wie wir konstruktiv mit ihnen umgehen können.

Die Erkenntnis, dass uns herausfordernde Personen am Arbeitsplatz in jeder Branche und in jedem Unternehmen begegnen können, bildet den Ausgangspunkt. Denn es gibt kein Unternehmen, das nur aus angenehmen Persönlichkeiten besteht, und keinen Betrieb, in dem nicht irgendwann Konflikte auftreten – das steht außer Frage. Dennoch habe ich beobachtet, dass viele Menschen sich der Illusion hingeben, es könnte einen solchen Arbeitsplatz geben – einen Ort, an dem alle freundlich miteinander umgehen und sich jeder mit jedem versteht.

Zusammenfassend möchte ich sagen, dass Konflikte früher oder später in jedem Betrieb auftreten.

Wir werden also unabhängig davon, wo wir arbeiten, auf schwierige Charaktere treffen. Die entscheidende Frage lautet: Wie kann man trotzdem Zufriedenheit im Job finden und sich diese bewahren?

Gehen wir zusammen auf die Reise und finden wir heraus, wie uns dieser Balanceakt gelingen könnte.

Ursachen für problembehaftete Persönlichkeiten im Arbeitsumfeld

Um herauszufinden, wie wir am besten mit schwierigen Charakteren am Arbeitsplatz umgehen und gleichzeitig verhindern können, dass ihr Verhalten zu sehr auf unseren Arbeitsalltag abfärbt, ist es entscheidend, die Ursachen für deren schwieriges Verhalten genauer zu untersuchen. In zahlreichen Konfliktsituationen haben sich vier zentrale Gründe herauskristallisiert, die erklären, warum manche Menschen in der Arbeit ein schwieriges Verhalten an den Tag legen.

Diese vier Gründe schließen psychische Erkrankungen, psychische Diagnosen und mögliche Beeinträchtigungen dieser Personen nicht mit ein. Ein detailliertes Eingehen auf Persönlichkeitsstörungen oder andere psychische Erkrankungen, die sich auf das Verhalten gegenüber Mitmenschen auswirken können, wäre nicht zielführend. Denn es ist schlichtweg unmöglich zu wissen, ob überhaupt Diagnosen vorliegen, und falls doch, weiß niemand, welche das sein könnten. Dennoch ist es wichtig, im Hinterkopf zu behalten, dass Personen neben diesen vier Gründen auch mit psychischen Erkrankungen kämpfen könnten, deren Symptome möglicherweise zu einem toxischen Verhalten führen. Da uns diese Informationen jedoch nicht vorliegen, möchte ich gleich zu den oben erwähnten vier Gründen übergehen, die sich immer wieder klar abzeichnen und erklären, warum Menschen sich im beruflichen Umfeld problematisch verhalten.

Der erste und wohl wichtigste Grund ist, dass Menschen am Arbeitsplatz oft schwierig sind, weil sie selbst mit inneren Konflikten oder Unzufriedenheit kämpfen. Das heißt, dass ihr Verhalten – seien es Kritik, Angriffe oder Abwertungen dir gegenüber – weniger mit dir zu tun hat als mit ihren eigenen persönlichen Unzulänglichkeiten.

Man könnte es auch folgendermaßen formulieren: Die Art und Weise, wie diese Personen dich behandeln, sagt mehr über sie selbst aus als über dich. Die Meinung, die sie von dir haben, reflektiert lediglich ihre eigene Welt und nicht deine. Wenn Menschen mit sich selbst nicht klarkommen, neigen sie dazu, diese Unzufriedenheit auf andere zu projizieren, dich inklusive. Ihre negativen Äußerungen und Handlungen sind also eher ein Spiegel ihrer eigenen inneren Unruhe als eine objektive Einschätzung deiner Person. Diese Einsicht kann dir dabei helfen, das Verhalten eines schwierigen Kollegen oder Kunden nicht persönlich zu nehmen, da es nichts mit dir zu tun hat. Viele unfaire Angriffe, Seitenhiebe, Sticheleien, Provokationen oder das Tratschen hinter deinem Rücken basieren genau auf diesem Prinzip. Wenn du ähnliche Situationen erlebt hast oder gerade erlebst, kannst du wählen: Entweder lässt du dich von dieser projizierten Unzufriedenheit mit herunterziehen, oder du triffst die gesündere Entscheidung und sagst dir: »Nein, stopp! Das ist nicht meine Unzufriedenheit. Ich nehme sie daher nicht an.« Das ist wie mit einem Ball, den dir jemand zuspielen will. Du kannst ihn fangen – oder dich bewusst dagegen entscheiden. Du sagst: »Das ist erstens nicht mein Ball, und zweitens habe ich auch keine Lust auf dieses Ballspiel.« Also lässt du ihn zu Boden fallen und beobachtest, wie er von dir wegrollt.

Ganz gleich, welche Methode der Selbstfürsorge du auch wählst, es ist entscheidend, dir bewusst zu machen, dass viele Menschen sich dir gegenüber nur deshalb schwierig verhalten, weil sie mit ihren eigenen Herausforderungen kämpfen und keinen anderen Ausweg sehen, als ihre Unzufriedenheit auf dich oder auf andere zu übertragen. Indem du begreifst, dass ihre Schwierigkeiten nicht deine sind, legst du den ersten Grundstein für einen souveränen Umgang mit solchen Situationen.

Denke an eine besonders schwierige Person in deinem beruflichen Umfeld und überlege dir, warum sie möglicherweise handelt, wie sie es tut. Die Gründe sollten dabei stets auf ihrer Persönlichkeit oder ihren aktuellen Lebensumständen basieren und nicht auf dir. Überlege dir auch immer, ob du die Einzige im Unternehmen bist, die hier betroffen ist, oder ob es auch andere gibt, die Probleme mit dieser Person haben. Denn häufig legen Menschen mit schwierigem Verhalten im Beruf nicht nur dir gegenüber, sondern auch zahlreichen anderen Menschen gegenüber, seien es Kollegen oder Kunden, ein problembehaftetes Verhalten an den Tag. Daher solltest du dich immer fragen: Wer hat noch Probleme mit dieser Person? Du wirst sicher schnell feststellen, dass auch andere von ihrem Verhalten betroffen sind.

Der zweite Grund, warum dir Menschen am Arbeitsplatz Probleme machen, könnte deine berufliche Rolle sein. Du wurdest eingestellt, um deinen Job zu machen, und bist nicht nur zum Spaß im Unternehmen. Die Natur deiner beruflichen Rolle kann dazu führen, dass andere Menschen sich dir gegenüber problematisch verhalten. Angenommen, du arbeitest im Qualitätsmanagement. Deine Verantwortung liegt darin, die Qualität der Arbeit deiner Kollegen zu überprüfen. Falls es Mängel gibt, müssen die Kollegen diese beheben. Die Herausforderung besteht darin, dass deine Rolle das genaue Gegenteil dessen ist, was die anderen tun. Während sie operative Tätigkeiten ausüben, liegt deine Aufgabe in der Qualitätskontrolle. Dies kann zu Konflikten führen, da sie dich als Kontrolleur wahrnehmen.

Wie sieht das konkret bei dir aus? Könnten Zielkonflikte in deinem Unternehmen auftreten, bloß weil du eine bestimmte Rolle erfüllen musst und eine bestimmte berufliche Aufgabe hast? Vielleicht gibt es im Unternehmen Menschen, die dieselben Ziele wie du verfolgen und daher auf deiner Seite stehen. Aber es gibt sicher auch welche, die entgegengesetzte Ziele haben und sich daher – wenn sie dieses Rollendilemma nicht ausreichend reflektiert haben – dir gegenüber problematisch verhalten.

In meinen Workshops und Vorträgen bediene ich mich gerne des »Hut-Spiels«, um dieses Konzept zu veranschaulichen. Dabei bringe ich Einweg-Partyhüte mit und fordere die Teilnehmer auf, diese aufzusetzen, sobald sie sich in ihrer beruflichen Rolle befinden. Sobald sie den Hut abnehmen, repräsentieren sie ihre private Person. Das Spiel beginnt, indem wir über eine problematische Situation mit einer Person in der Arbeit sprechen. Wir überlegen gemeinsam, einmal mit Hut und einmal ohne, wie die schwierige Person, sei es ein Kollege oder ein Kunde, auf einen reagieren würde. Häufig wird deutlich, dass Schwierigkeiten nur dann entstehen, wenn die Person den Partyhut aufhat. Nimmt sie ihn ab, löst sich der Konflikt auf.

Dies verdeutlicht, dass Konflikte oft aufgrund der beruflichen Rolle entstehen und nicht persönlich gemeint sind. Sie richten sich somit nicht gegen die persönliche Identität, sondern gegen die berufliche Position.

Der dritte Grund, warum sich Menschen am Arbeitsplatz dir gegenüber schwierig verhalten können, ist sowohl am Arbeitsplatz als auch außerhalb der Arbeit weitverbreitet: Neid oder Eifersucht. Kollegen können aus verschiedenen Gründen neidisch oder eifersüchtig auf dich sein. Zum Beispiel, wenn du eine besondere Beziehung zu deinem Chef hast, dich gut mit einem anderen Kollegen verstehst, in einer

Arbeitsgruppe gut integriert bist, die Aufmerksamkeit anderer besser auf dich ziehen kannst oder generell als beliebter wahrgenommen wirst. Auch andere Aspekte, wie etwa dein Gehalt, die wahrgenommene Arbeitsbelastung aus Sicht deiner Kollegen, deine Ausgeglichenheit und die Fähigkeit, auch mit schwierigen Situationen zurechtzukommen, können Neid oder Eifersucht auslösen. Ich habe in vielen meiner Beratungen festgestellt, dass dies häufig ein Grund für problematisches Verhalten ist. Menschen könnten auch neidisch sein, weil du eine berufliche Position erreicht hast oder weil du äußerliche Merkmale oder Charakterzüge hast, die sie selbst gerne hätten. Es kann auch um materielle Besitztümer gehen, über die du verfügst und die andere gerne hätten. In Wirklichkeit kann Neid bei Menschen auf vielerlei basieren; es muss nicht zwangsläufig etwas Klassisches sein, wie zuvor aufgezählt. Es könnte auch etwas Exotisches sein, etwas, bei dem du nie erwartet hättest, dass andere dich genau um dieses Merkmal beneiden.

»Neid ist das einzige Laster, das zu jeder Zeit und an jedem Ort auftauchen kann«, erkannte schon der englische Gelehrte Samuel Johnson. Neid und Eifersucht können negative Gefühle hervorrufen und dazu führen, dass Menschen sich anderen gegenüber gemein verhalten, ohne vielleicht selbst zu erkennen, warum sie so handeln. In diesem Zusammenhang möchte ich eine Geschichte aus einer arbeitspsychologischen Beratung erzählen.

> Eine Mitarbeiterin erhielt von ihrer Firma ein lukratives Angebot, das einen Wechsel in eine andere Abteilung erforderte. Die neue Position brachte mehr Verantwortung mit sich, wurde jedoch auch durch ein attraktives Gehalt vergütet. Freudig nahm sie die Herausforderung an. In der neuen Abteilung hatte sie eine neue Vorgesetzte und eine neue Kollegin, die ihr gegenüber von Anfang an negativ

eingestellt waren und ihr bereits am ersten Tag das Leben schwer machten. Die Mitarbeiterin konnte zunächst nicht verstehen, warum sie in dieser neuen Umgebung so unbeliebt war. Sie hatte doch noch gar nichts gemacht und bemühte sich, höflich und zuvorkommend zu sein. Sie war engagiert und motiviert, und trotzdem wurde sie dort nicht akzeptiert. Erst nach einiger Zeit fand sie heraus, dass ihre neue Chefin die Kollegin, die ihr das Leben schwer machte, für diese Stelle ausgewählt hatte. Noch dazu waren die beiden, die Vorgesetzte und die Kollegin, beste Freundinnen. Doch die Firma war von der Arbeitsleistung der Kollegin nicht überzeugt, und somit wurde jemand anderer befördert, nämlich die Mitarbeiterin, die nun verzweifelt in der arbeitspsychologischen Beratung saß. Sie konnte absolut nichts dafür, dass sie schlecht behandelt wurde, und geriet dadurch in einen Konflikt, der sich weiter zuspitzte. Der Neid der Kollegin, die sich diese Position gewünscht hatte, hinterließ bei dieser das Gefühl, vom Unternehmen unfair behandelt worden zu sein, und dies führte dazu, dass sie sich gegenüber der neuen Mitarbeiterin nun ebenfalls unfair verhielt. In diesem Fall wurde der Konflikt also eindeutig durch Neid ausgelöst. Darüber hinaus zeigt dieses Beispiel auch, dass Konflikte gelegentlich entstehen, ohne dass man selbst Einfluss darauf hat – einfach weil man zur falschen Zeit am falschen Ort ist.

Auch wenn dies nur ein spezielles Beispiel war, habe ich im Arbeitsleben ähnliche Fälle beobachtet. Manchmal ist man in einer bestimmten Arbeitsumgebung von Anfang an unbeliebt, ohne irgendetwas dazu beigetragen zu haben.

Abschließend möchte ich nun auch den vierten Grund erläutern, warum sich Menschen am Arbeitsplatz problematisch verhalten. Oft ist dieser vierte Grund der einzige, der von vielen von vornherein in Betracht gezogen wird. Viele Menschen neigen sogar dazu, diesen vierten Grund als

Hauptursache für Schwierigkeiten am Arbeitsplatz zu sehen, obwohl die eigentlichen Gründe oft in den zuvor genannten anderen drei liegen. Zumindest jene, die sich selbst reflektieren – so wie du gerade, indem du dieses Buch liest. Jetzt bist du sicherlich neugierig geworden, was dieser vierte Grund sein könnte, nicht wahr?

Nun, der vierte Grund führt uns auf eine persönliche Ebene zurück. Es könnte sein, dass wir uns, ohne es zu merken, irgendwann unangemessen verhalten haben – sei es durch unfreundliche Gesten oder andere Handlungen, die unser Gegenüber verärgert haben. Vielleicht hatten wir einen schlechten Tag und haben uns zu einem unpassenden Verhalten hinreißen lassen, bei dem wir möglicherweise jemanden unwissentlich beleidigt haben. Wenn man Schwierigkeiten mit Arbeitskollegen hat, ist es unerlässlich, diesen Punkt zu berücksichtigen und sich zu fragen, welchen Anteil man vielleicht selbst daran hat. Dies erfordert die Bereitschaft, mögliche Fehler anzuerkennen und anzugehen. Eine kritische Selbstreflexion ist daher entscheidend. Folgende Fragen sollten dabei im Fokus stehen: Warum verhält sich diese Person mir gegenüber so? Was kann ich ändern? Was kann ich daraus lernen? Diese Selbstreflexion kann aufschlussreich sein und möglicherweise zeigen, dass wir selbst etwas verändern müssen. Es könnte sein, dass wir uns in die falsche Richtung bewegt haben oder dass wir aus der Kritik dieser schwierigen Person wertvolle Erkenntnisse ziehen könnten. In vielen Fällen zeigt sich aber auch, dass wir auf dem richtigen Weg sind und nichts falsch gemacht haben – in diesem Fall trifft einer der Punkte eins bis drei zu.

Die Selbstreflexion ermöglicht uns also herauszufinden, ob wir etwas an der Situation ändern können oder ob wir, selbst wenn wir in unserem Job alles richtig gemacht und uns nichts zuschulden haben kommen lassen, trotzdem mit Schwierigkeiten konfrontiert sein können. Sie verdeutlicht, dass wir, selbst wenn wir unser Bestes geben, dennoch auf unangenehme Menschen stoßen können. Es liegt nicht an uns persönlich, sondern daran, dass in jedem Betrieb schwierige Personen arbeiten. Das Ziel besteht darin, dies nicht persönlich zu nehmen.

Warum schwierige Personen nicht vom Arbeitsplatz entfernt werden

Als Arbeitspsychologin werde ich häufig mit der Frage konfrontiert, warum Unternehmen schwierige Persönlichkeiten nicht einfach entlassen, insbesondere wenn sie über Jahre hinweg Unruhe stiften, Kollegen verärgern oder Führungskräfte zur Verzweiflung bringen. Die Ursachen dafür sind in der Regel stets die gleichen. Ich habe wiederholt miterlebt, dass Führungskräfte sich nicht mit diesen Persönlichkeiten anlegen möchten, weil sie als toxisch wahrgenommen werden. Sie wissen genau, dass diese Personen eine erhebliche Macht im Unternehmen besitzen und dies potenziell negative Auswirkungen auf sie selbst haben könnte. Toxische Persönlichkeiten stellen in Unternehmen tatsächlich oft eine Gefahr dar, denn sie sind häufig sehr dominante Charaktere, die andere mit ihrer starken Rhetorik überrollen, Intrigen spinnen oder sonstige manipulative Strategien einsetzen. Dabei handeln sie oft so taktisch und geschickt, dass es lange Zeit unbemerkt bleibt. Man spürt, dass etwas nicht stimmt, kann es jedoch nicht genau benennen, was es erschwert, dieses Problem anzusprechen und aus dem Weg zu räumen. In manchen Abteilungen herrscht ein giftiges Arbeitsklima, und wer versucht, dieses Gift zu neutralisieren, läuft Gefahr, selbst vergiftet zu werden. Es besteht daher die Befürchtung, dass jemand, der Maßnahmen gegen eine schwierige Persönlichkeit ergreift, sich damit selbst in Schwierigkeiten bringt – ein Risiko, dem viele lieber aus dem Weg gehen.

Ein weiterer Grund liegt darin, dass einige Unternehmen toxische Mitarbeiter behalten, weil diese geschickt vorgesorgt haben. Sie erwecken den Anschein, unersetzlich zu sein, indem sie wichtige Informationen zurückhalten. Die Geschäftsführung ist sich bewusst, dass bei einem Ausscheiden dieser Person eine große Lücke entstehen könnte und wichtige Informationen plötzlich verloren gehen würden, was schwerwiegende Folgen für das Unternehmen nach sich ziehen könnte. Die Frage bleibt jedoch, ob diese Personen tatsächlich unersetzlich sind oder ob sie nur den Eindruck erwecken, unentbehrlich zu sein. Ein Beispiel aus meiner arbeitspsychologischen Praxis verdeutlicht diese Thematik.

> In einem Unternehmen wurde eine Evaluierung der psychischen Belastungen nach gesetzlichen Vorgaben durchgeführt, und es zeigte sich, dass ein Mitarbeiter in der Finanzabteilung ein eindeutiges Problem darstellte. Er war ein Choleriker und beschimpfte seine Kollegen manchmal in einer Lautstärke, dass es sogar in anderen Abteilungen zu hören war. Trotz klarer Ergebnisse und erheblicher Schädigungen für die Mitarbeiter war das Management nicht bereit, den Mitarbeiter zu entlassen. Genauso wenig war man bereit, sein Verhalten zu sanktionieren. Die Begründung: Diese Person verfüge angeblich über wichtige Informationen, die sonst nirgends gespeichert waren. Außerdem opferte er sich seit Jahrzehnten für das Unternehmen auf. Er hatte weder Familie noch Freunde und lebte quasi für die Arbeit. Jedes Wochenende wurde bis spät in die Nacht hinein gearbeitet, wodurch er seit Jahren einen Einsatz von 150 % für das Unternehmen zeigte, und obwohl er keine Führungskraft war, wurde er als solche wahrgenommen. Er erzielte Erfolge, von denen das Management zutiefst beeindruckt war. Für sie stand fest, dass dieser Mitarbeiter dem Unternehmen mehr Nutzen als Schaden brachte.

> Obwohl ich mehrmals darauf hinwies, dass Maßnahmen erforderlich seien und das Management eine Fürsorgepflicht gegenüber den Mitarbeitern habe, wurden nur Alibimaßnahmen diskutiert, und die Präsentation endete mit dem Hinweis, dass der Mitarbeiter ohnehin in drei Jahren in Pension gehe.

Dieses Beispiel verdeutlicht, warum selbst äußerst toxische Persönlichkeiten nicht aus dem Unternehmen entfernt werden. Dies ist leider kein Einzelfall, sondern ein Phänomen, dem ich in meiner arbeitspsychologischen Praxis häufig begegne.

Wenn schwierige Persönlichkeiten im Unternehmen nicht gekündigt werden, bleiben sie – entweder weil sie als unentbehrlich gelten oder weil andere sich nicht trauen, gegen sie vorzugehen.

Konfliktbehaftete Arbeitsumgebung

Konflikte am Arbeitsplatz entstehen nicht nur durch die Zusammenarbeit mit schwierigen Persönlichkeiten, sondern resultieren auch aus äußeren Faktoren und Rahmenbedingungen. Die Verantwortung für Konflikte liegt somit nicht nur bei den individuellen Akteuren, sondern auch in der Umgebung, in der sie agieren.

Entscheidend für das Konfliktpotenzial ist insbesondere die aktuelle Arbeitsauslastung sowie die allgemeine Arbeitssituation oder der Druck von oben, der auf die Mitarbeiter ausgeübt wird. Abteilungen mit hohem Stress und Zeitdruck weisen ein erhöhtes Konfliktpotenzial auf. Denn wenn die Arbeitslast hoch ist, neigen Mitarbeiter eher dazu, sich über andere zu ärgern, und Konflikte brechen aus. Und in Zeiten des Personal- und Fachkräftemangels, in denen eine Person die Arbeit von zwei übernehmen muss, steigt das Konfliktpotenzial weiter an. Da die Ressourcen knapp sind und die Anforderungen hoch, nehmen Überlastung und Druck immer mehr zu – ein guter Nährboden für Konflikte.

Es ist also wichtig zu erkennen, dass die Arbeitsumgebung und die Arbeitssituation einen erheblichen Einfluss auf die Entstehung von Konflikten haben können und nicht nur die Personen selbst schuld sind, wenn ein Konflikt entsteht. Wenn man sich in einem Konflikt befindet, ist es also ratsam,

die Umstände zu analysieren, um den Konflikt nicht persönlich zu nehmen. Möglicherweise hätte die Reaktion der anderen Person anders ausgesehen, wäre der Stresspegel nicht so hoch gewesen. Vielleicht hätte eine größere Personalkapazität dazu beigetragen, dass die Person entspannter reagiert hätte.

Ein erster Schritt zur Konfliktlösung besteht also darin, sich in die Lage des anderen hineinzuversetzen und Verständnis für dessen Reaktionen zu entwickeln. Verbale Angriffe sollten nicht persönlich genommen werden. Stattdessen sollten Maßnahmen ergriffen werden, um den Stresspegel zu senken und eine gesunde Arbeitsumgebung zu schaffen. Dafür ist eigentlich das Unternehmen, in dem du arbeitest, verantwortlich. Doch wenn du dieses Buch aufmerksam gelesen hast, weißt du bereits, dass das nicht immer der Realität entspricht. Theorie ist somit nicht gleich Praxis – nur weil im Arbeitnehmerschutzgesetz Maßnahmen zur Reduktion psychischer Belastungen vorgeschrieben sind, bedeutet das noch lange nicht, dass diese in der Praxis auch konsequent umgesetzt werden.

Wenn dir auffällt, dass deine Arbeitsumgebung von Konflikten geprägt ist, empfehle ich dir, dies deinem Vorgesetzten mitzuteilen. Schildere, was dir aufgefallen ist, und vergiss nicht, dabei auch gleich konstruktive Lösungsvorschläge zu machen.

Ein breites Spektrum an Ideen ist von Vorteil, denn wenn du nur eine einzige Idee präsentierst, wird sie höchstwahrscheinlich abgelehnt werden. Überlege dir daher mehrere

Vorschläge, die nicht nur durchdacht, sondern auch umsetzbar und realistisch sind.

Gehe damit zu deinem Vorgesetzten und frage ihn, ob die Ideen eins, zwei, drei oder vier umsetzbar sind. Es kann sein, dass er Idee eins für nicht sinnvoll hält, Idee zwei als nicht machbar ansieht, für Idee drei kein Budget zur Verfügung steht, Idee vier aber genauer prüfen möchte. In diesem Fall ist es sehr wahrscheinlich, dass diese Idee dann umgesetzt wird. Aber sei nicht enttäuscht, selbst wenn er alle vier Vorschläge ablehnen sollte. Denn er hat nun zumindest erkannt, dass Handlungsbedarf besteht, schließlich kennt er seine Fürsorgepflicht. Möglicherweise wird er sich später wieder bei dir melden und Maßnahmen ergreifen. Nur weil es nicht sofort klappt, heißt das nicht, dass deine Idee nicht zu einem späteren Zeitpunkt umgesetzt wird.

Diese Dynamik habe ich häufig in den jährlichen Mitarbeitergesprächen beobachtet. Manchmal braucht es mehr als einen Anlauf, um Veränderungen herbeizuführen. Ein Wunsch, der beim ersten Versuch nicht erfüllt wird, kann im nächsten Jahr plötzlich Realität werden.

Umgang mit persönlichen Angriffen am Arbeitsplatz

»Persönliche Angriffe sagen mehr über den Angreifer aus als über den Angegriffenen.«
Unbekannt

Wenn du am Arbeitsplatz persönlich angegriffen wirst oder Kritik erfährst, ist es ratsam, dir dies nur dann zu Herzen zu nehmen und länger darüber nachzudenken, wenn drei Punkte zutreffen, die ich im Folgenden genauer erläutern werde. Trifft keiner dieser drei Punkte zu, kannst du die Kritik getrost vergessen und solltest keinesfalls darüber nachgrübeln.

Der erste Punkt: Du solltest Kritik oder Angriffe nur dann ernsthaft in Betracht ziehen, wenn sie sich tatsächlich auf eine veränderbare Persönlichkeitseigenschaft beziehen. Denn oft basieren Kritik und Angriffe am Arbeitsplatz auf Charaktereigenschaften oder persönlichen Merkmalen, die nicht veränderbar sind. Um dies zu illustrieren, möchte ich ein Beispiel anführen:

In meiner arbeitspsychologischen Sprechstunde schilderte eine Mitarbeiterin, wie stark sie von der Kritik ihrer Kollegen betroffen war. Sie wusste nicht, wie sie damit umgehen sollte, da sie nichts an dem Kritikpunkt ändern konnte. Die Kritik beruhte nämlich darauf, dass die Person sowohl eine laute Stimme als auch ein lautes Lachen hatte, also über ein lautes Organ verfügte. Sie arbeitete in einem Großraumbüro, in dem sie viele Telefonate führen musste. Ihre Kollegen konnten sich aufgrund ihrer lauten Stimme nicht konzentrieren. Man machte sich über sie lustig, dass sie so laut sei und ständig schreien würde. Auch ihr Lachen wurde gerne nachgeahmt. Die Mitarbeiterin versuchte nun, leiser zu sprechen und unauffälliger zu lachen. Doch trotz ihrer Bemühungen kehrt ihre natürliche Lautstärke zurück, sobald sie sich auf ein Kundentelefonat konzentrierte, und ihre Kollegen empfanden sie erneut als laut. Das Dilemma liegt darin, dass wir die Lautstärke unseres Stimmorganes nicht dauerhaft verändern können. Auch wenn vorübergehende Anpassungen möglich erscheinen, wird unsere Stimme bei intensiven Telefonaten voraussichtlich wieder lauter werden. Die Forderung nach einer persönlichen Anpassung von Verhalten und leiserem Auftreten halte ich in diesem Fall daher für problematisch. Stattdessen sollte eher eine technische, räumliche oder organisatorische Lösung in Betracht gezogen werden, um eine ruhigere Arbeitsumgebung zu schaffen.

Übrigens werden nicht nur laute Menschen am Arbeitsplatz kritisiert. Ich habe auch schon den umgekehrten Fall erlebt. Ich habe eine Mitarbeiterin kennengelernt, der vorgeworfen wurde, sie sei zu zurückhaltend und »mäuschenhaft«. Man forderte sie auf, öfter ihre Meinung zu äußern. Nach dieser Kritik bemühte sie sich, offener zu sein, was ihr jedoch nur in begrenztem Maße gelang. Im Laufe der Zeit erkannte sie jedoch, dass ihre introvertierte Natur nicht zwangsläufig ein Problem darstellte. Schon vor der Kritik hatte sie ihre ruhige Art als eine Quelle vieler Vorteile in ihrem Leben empfunden.

Bei der Ausprägung der Introversion oder Extraversion handelt es sich um ein unveränderbares Merkmal. Ob laut oder leise, zurückhaltend oder gesellig – solche Eigenschaften sind angeboren und können nicht verändert werden, selbst wenn andere sich daran stören. Es ist erstens wichtig, authentisch zu bleiben, und zweitens ist weder das eine noch das andere grundsätzlich gut oder schlecht. Beide Merkmale haben ihre klaren Vorteile im Leben, und verschiedene Menschen schätzen unterschiedliche Persönlichkeitseigenschaften. Manche bevorzugen ruhigere Personen, während andere gerne von quirligen und lauten Persönlichkeiten umgeben sind.

Nachdem du nun erkannt hast, dass nur veränderbare Persönlichkeitseigenschaften in Betracht gezogen werden sollten, möchte ich dir den zweiten Grund erklären, warum du dir Kritik nicht immer zu Herzen nehmen solltest.

Der zweite Punkt besagt, dass persönliche Angriffe oder Kritik, die sich auf deine berufliche Rolle beziehen, nicht persönlich genommen werden sollten. Wie zu Beginn des Kapitels erklärt wurde, gibt es am Arbeitsplatz mitunter Menschen, die nicht dich persönlich kritisieren, sondern vielmehr deine berufliche Position. Da jeder von uns in der Arbeit eine bestimmte Funktion und bestimmte Aufgaben zu erfüllen hat, solltest du besonders darauf achten, wenn du Verbesserungsvorschläge von Kollegen erhältst. Überlege genau, ob diese Vorschläge tatsächlich dein Verhalten betreffen und ob es nötig ist, es zu ändern, oder ob es einfach »Teil des Jobs« ist, dass du dich so verhältst.

Manchmal resultiert Kritik allein daraus, dass deine berufliche Rolle nicht den Erwartungen anderer entspricht, was wiederum auf Zielkonflikte hindeuten kann.

Doch auch in diesen Fällen solltest du die Kritik nicht persönlich nehmen, sondern weiterhin so arbeiten wie zuvor.

Beim dritten Punkt erinnere ich dich daran, dass schwierige Menschen am Arbeitsplatz oft Punkte ansprechen, die nichts mit dir zu tun haben, sondern eher mit ihnen selbst. Die Meinungen, die sie über dich äußern, spiegeln eher ihre eigene Welt wider als deine. Durch deine authentische Art kann es passieren, dass du in einem ihrer Lebensbereiche einen Triggerpunkt berührst. Das bedeutet, dass du sie durch deinen Charakter oder dein Verhalten an einen wunden Punkt in ihrem Leben erinnerst. Um dies noch besser zu verdeutlichen, möchte ich dir hier ein paar Beispiele geben: Wenn dir jemand vorwirft, du seist zu ehrgeizig, könnte dies bedeuten, dass diese Person selbst gerne ambitionierter wäre. Falls andere behaupten, du seist zu ruhig, deutet dies möglicherweise darauf hin, dass sie selbst Schwierigkeiten haben, innerlich ruhig zu sein. Die Aussage, du seist zu optimistisch, könnte enthüllen, dass die Person mit ihrem eigenen Pessimismus ringt. Oder wenn dir vorgeworfen wird, zu direkt zu sein, könnte es sein, dass dein Gegenüber Schwierigkeiten mit offener Kommunikation hat. Diese Beispiele verdeutlichen, wie Kritik oft mehr über die eigene Perspektive und die eigenen Wünsche aussagt als über die Person, die kritisiert wird.

Es ist wichtig zu betonen, dass diese Prozesse oft unbewusst ablaufen. Menschen greifen dich nicht bewusst an, sondern es ist ihnen selbst nicht klar, dass sie etwas an dir nicht mögen, nur weil sie es selbst gerne hätten. Es kann auch sein, dass ihnen an dir etwas auffällt, was ein ungelöstes Thema in ihrem eigenen Leben darstellt.

Daher solltest du dir, wenn du angegriffen wirst, immer überlegen, ob die Kritik eher mit dir oder mit deinem Gegenüber zu tun hat. Geht es um eine Schwäche von dir oder liegt die Schwäche eher beim anderen?

Ein Kollege geht dir auf die Nerven?

»Die Kunst des Umgangs mit Menschen besteht darin, sich nicht von ihnen provozieren zu lassen.«
Thomas Jefferson

Kennst du das Gefühl, dass dir ein Kollege gehörig auf die Nerven geht? Dann könnte es sich dabei um jemanden handeln, der gerne stichelt und provoziert, immer alles besser weiß oder vielleicht auch wenig bis gar keine Rücksicht auf dich nimmt und dich in einer Besprechung wie eine Dampfwalze überrollt. Diese genannten Eigenschaften, die manchmal sogar kombiniert auftreten, fallen in die Kategorie der unbeliebten Verhaltensweisen am Arbeitsplatz. Individuen mit solchen Eigenschaften können häufig für Unannehmlichkeiten sorgen und das Arbeitsleben erschweren. Aber es gibt auch gute Nachrichten: Es gibt Möglichkeiten, wie man geschickt mit solchen Persönlichkeiten umgehen und sie zum Schweigen bringen kann.

Da mir in Zusammenhang mit Konflikten am Arbeitsplatz besonders häufig von diesen drei Persönlichkeitstypen – dem Provokateur, dem Besserwisser und der Dampfwalze – berichtet wird, möchte ich im Folgenden genauer auf sie eingehen. Manche werden vielleicht behaupten, dass es sich um Westentaschenpsychologie handelt, wenn man Menschen mit solchen Bezeichnungen versieht, und darin mag auch etwas Wahres liegen. Doch es hilft uns dabei, schwierige Persönlichkeiten zu identifizieren und zu clustern, um besser mit ihnen zurechtzukommen. Das Gruppieren von Informationen kann eine nützliche kognitive Strategie sein, um mit der Komplexität zwischenmenschlicher Interaktionen zurechtzukommen, und die Einordnung dieser Persönlichkeitstypen hilft uns dabei, passende Strategien zu entwickeln und unseren Stress zu reduzieren. Es ist jedoch wichtig zu betonen, dass das Clustern von Informationen seine Grenzen hat und nicht immer vollständig oder genau sein kann. Menschen sind komplex, und es ist wichtig, individuelle Unterschiede zu berücksichtigen.

Die Persönlichkeitstypen, über die ich im Folgenden berichten möchte, werden im Buch »Wie man mit Menschen klarkommt, die man nicht ausstehen kann« – ein Megabestseller mit über zwei Millionen verkauften Exemplaren – von den Autoren Dr. Brinkman und Dr. Kirschner als Stichler, Besserwisser und Panzer bezeichnet.[40] Bei allen drei genannten Typen gibt es unterschiedliche Herangehensweisen, wie man sie besänftigen kann. Beginnen wir mit dem Provokateur, auch bekannt als Stichler. Das sind Menschen, die gerne spöttische oder sarkastische Bemerkungen machen, oft in Form von kleinen Sticheleien oder Provokationen gegenüber Kollegen oder Vorgesetzten. Ein Provokateur kann also jemand sein, der durch geschickte oder subtile Kommentare versucht, andere zu provozieren oder abzuwerten. Dieses Verhalten wird in den meisten Fällen als unangemessen oder störend empfunden. Diese Personen beherrschen die Kunst, entweder direkt oder subtil Bemerkungen über jemanden zu machen, sei es bezüglich des Aussehens, des Verhaltens oder der Arbeitsleistung. Provokationen können in verschiedene Richtungen ausarten, und ich möchte dir Strategien vorstellen, wie du souverän damit umgehen kannst. Im Folgenden möchte ich dir ein Beispiel für das typische Verhalten einer Provokateurin schildern, die gerne stichelt und ihre Kollegen mit verbalen Aussagen herausfordert:

> Eine Mitarbeiterin nimmt am Besprechungstisch Platz, sieht einen Kollegen, den sie länger nicht gesehen hat, und sagt: »Na, du hattest auch schon mal mehr Haare, nicht?« Der Kollege fühlt sich offensichtlich betroffen, da auch ihm nicht entgangen ist, dass sein Haar allmählich dünner wird. In einem Versuch, sich zu rechtfertigen, erklärt er, warum Männer es schwer haben, wenn sie nach und nach ihre Haare verlieren. Dabei verstrickt er sich immer tiefer in seine Erklärungen, während die Mitarbeiterin mit ihrer Stichelei genau das erreicht hat, was sie beabsichtigt hatte: bei ihm einen wunden Punkt zu treffen. Seine Rechtfertigungen dienen für sie nur als Beweis dafür, dass sie den richtigen Stachel gesetzt hat und ihre Provokation erfolgreich war.

Es ist daher essenziell, in solchen Situationen keine Rechtfertigung anzubieten, da Provokateure diese als Gewinn betrachten. Sie wollen provozieren, um Schwächen aufzuzeigen, und freuen sich über jede Reaktion, die dies bestätigt. Stattdessen solltest du mit Rückfragen kontern, ohne auf die Provokation näher einzugehen, um den Provokateur aus dem Konzept zu bringen. Zum Beispiel: »Warum ist es dir so wichtig, wie viele Haare ich habe?« Oder eine allgemeine Rückfrage wie: »Was hat deine Bemerkung gerade mit unserer Angelegenheit hier zu tun?« Du wirst rasch feststellen, dass du den Stichler durch geschickte Nachfragen überraschen und vielleicht sogar zum Schweigen bringen kannst, da er nicht mit Gegenfragen gerechnet hat. Grundsätzlich sind jedoch verschiedene Reaktionen möglich. Du musst keine Rückfragen stellen, wenn du dich mit einer anderen Reaktion wohler fühlst, aber vom Rechtfertigen würde ich dir eindeutig abraten, da es ein gefundenes Fressen für den Provokateur bedeutet.

Wenn dich ein Kollege immer wieder nervt, könnte er auch in die Kategorie »Besserwisser« fallen. Besserwisser gelten als problematisch, da sie oft sehr bestimmend sind und wenig Toleranz gegenüber Einwänden zeigen. Auch neue Ideen oder alternative Ansätze betrachten sie häufig als Angriff auf ihre Autorität. Obwohl es andere qualitativ hochwertige Vorschläge gibt, lassen sie ihren Kollegen nur wenig Raum, um sich durchzusetzen oder ihre Ideen einzubringen. Daher können Besserwisser als sehr belastend wahrgenommen werden. Wenn du in der Arbeit also mit einem Besserwisser zu tun hast, der dich regelmäßig auf die Palme bringt, empfehle ich Folgendes: Es ist wichtig zu erkennen, dass Besserwisser oft deshalb zu solchen geworden sind, weil sie unsicher sind. Der Drang zu zeigen, dass man alles besser weiß, ist eher ein Zeichen von Unsicherheit als von Überlegenheit. Jeder Besserwisser ist demnach sehr selbstkritisch, und diese Tatsache kannst du zu deinem Vorteil nutzen. Indem du ihm im Gespräch Sicherheit gibst und seine Meinung sowie sein Wissen anerkennst, wird er dir eher zuhören und offen für deine Ideen sein, ohne sich dir überlegen fühlen zu müssen. Kurz gesagt: Er wird dir eher zustimmen, wenn du zuerst deine Zustimmung zeigst.

Die dritte Gruppe an schwierigen Persönlichkeitstypen bezeichne ich gerne als »Dampfwalze«, da diese andere in Besprechungen gnadenlos überrollen. Dabei handelt es sich um Persönlichkeiten, die lautstark auf andere einwirken und einen nicht zu Wort kommen lassen. Sie vermitteln dir das Gefühl, dass deine Meinung nicht zählt, und jeder Versuch, etwas zu sagen, wird im Keim erstickt. Die Angriffe können so heftig sein, dass andere in der Umgebung oft dazu neigen, sich zurückzuziehen, weil sie sich denken: »Da möchte ich mich lieber nicht einmischen.« Wenn eine Dampfwalze auf dich losgeht, betrachtet sie dich entweder als Teil des Problems, das durch ihr aggressives Verhalten wieder auf Kurs gebracht werden soll, oder als Hindernis, das beiseitegeschafft werden muss. Die Vorgehensweise der Dampfwalze ist brutal und gnadenlos. Obwohl es auf den ersten

Blick so wirkt, als hätte es die Dampfwalze genau auf dich abgesehen, ist dies ironischerweise nichts Persönliches. Vielmehr ist es so, dass dieser Mensch in diesem Moment die Kontrolle verliert, sein Verhalten hat also nichts mit dir zu tun. Während eines Wutausbruchs mag eine cholerische Reaktion mächtig und stark erscheinen, doch in Wirklichkeit deutet sie auf eine erhebliche Schwäche hin. Ein solcher Ausbruch ist daher kein Zeichen von Stärke, sondern vielmehr von Schwäche, da die betroffene Person in diesem Moment gänzlich die Kontrolle verliert. Viele Dampfwalzen empfinden im Nachhinein Unbehagen über ihren emotionalen Ausbruch, da sie erkennen, dass ihre Reaktion nicht angemessen war. Aber im Moment der Entladung können sie sich einfach nicht beherrschen.

Im Umgang mit einer Dampfwalze ist es essenziell zu begreifen, dass ein Rückzug möglicherweise nachteiliger sein kann, als überhaupt nicht zu handeln. Daher ist es ratsam, ruhig zu bleiben und für sich selbst einzustehen, ohne jedoch selbst aggressiv zu wirken. Individuen, die sich behaupten, werden von aggressiven Menschen geschätzt, sofern dies nicht als Angriff interpretiert wird. Wenn du also mit einer Dampfwalze konfrontiert bist, solltest du weder flüchten noch kämpfen. Warte ab, bis der Kollege sich wieder beruhigt hat. Denn sobald die Dampfwalze im Ruhemodus ist, wird sie auf dich zukommen und womöglich wieder offen für dich sein. Noch wichtiger ist es jedoch, das Verhalten der Dampfwalze auf gar keinen Fall persönlich zu nehmen. Sich wie eine Dampfwalze zu verhalten, ist wie bereits beschrieben ein deutliches Zeichen von Schwäche. Sobald dir dies im Eifer des Gefechtes bewusst wird, kannst du besser damit umgehen. Beachte zudem immer, dass Dampfwalzen nicht nur bei dir, sondern auch bei vielen anderen Menschen so ein Verhalten an den Tag legen. Es ist anzunehmen, dass diese Person bereits zahlreiche Kollegen verärgert und sich dadurch unbeliebt gemacht hat. Dampfwalzen sind, ähnlich wie Besserwisser oder Provokateure, mitunter sehr stachlige Persönlichkeiten. Also nimm es nicht persönlich, denn nicht nur du ärgerst dich über die Dampfwalze, sondern auch viele deiner Kollegen.

Leute reden hinter deinem Rücken über dich

»Menschen neigen dazu, über das zu reden, was sie bewegt – und das sind oft andere Menschen.«
Eleanor Roosevelt

Wie gehst du damit um, wenn du am Arbeitsplatz mit problematischen Personen konfrontiert wirst, die dich zwar nicht direkt stören, aber hinter deinem Rücken negativ über dich reden? Hier sind Menschen gemeint, die sich höflich verhalten, wenn sie mit dir sprechen, und an denen dir nichts Merkwürdiges auffällt. Dennoch erfährst du, dass diese Personen hinter deinem Rücken über dich lästern und negativ über dich reden. Was machst du in einem solchen Fall?

Hier muss meiner Ansicht nach zwischen zwei verschiedenen Szenarien unterschieden werden. Zum einen geht es um Gerüchte, die von anderen über dich verbreitet werden und deiner Reputation schaden können. Zum anderen geht es darum, dass Menschen über dich reden, weil es einfach in der Natur des Menschen liegt, über andere zu reden – sei es positiv oder negativ. Dies basiert auf ihren Eindrücken von dem, was du tust oder nicht tust, wie du dein Leben gestaltest und welche Besonderheiten es an dir gibt.

Im ersten Fall ist es ratsam, unbedingt nach Wegen zu suchen, um deinen eigenen Standpunkt klarzustellen. Wenn jemand falsche Behauptungen über dich aufstellt, solltest du bereit sein, deinen Standpunkt deutlich zu machen. Nimm ein Gerücht, das über dich verbreitet wird, auf keinen Fall widerspruchslos hin. Wenn beispielsweise ein Kollege deinem Vorgesetzten Informationen über dich weitergibt, die deiner Meinung nach nicht der Wahrheit entsprechen, ist es entscheidend, unverzüglich auf deinen Vorgesetzten zuzugehen und ihm deine Perspektive zu schildern. Ob dein Vorgesetzter dir Glauben schenken wird, liegt zwar nicht in deiner Hand, aber du kannst dennoch versuchen, Einfluss zu nehmen, indem du deine Sichtweise deutlich machst. In einem solchen Fall ist dies von essenzieller Bedeutung und sollte keinesfalls vernachlässigt werden.

Im zweiten Fall geht es wie bereits erwähnt nicht darum, dass Menschen absichtlich Boshaftigkeiten hinter unserem Rücken verbreiten, sondern vielmehr darum, dass über uns geredet wird, weil das eben in der Natur des Menschen liegt. Tatsächlich wird über jeden Menschen gesprochen, einschließlich unserer Kollegen und jeder Person, mit der wir interagieren. Oft geschieht dies ohne böse Absicht, aber viele Menschen nehmen es als solche wahr, wie ich zunehmend feststelle. In solchen Situationen versuchen viele Menschen, die bemerken, dass andere über sie sprechen, und dies als problematisch empfinden, dem vorzubeugen, indem sie so wenig wie möglich von sich preisgeben, keine persönlichen Informationen teilen und darauf achten, keine Angriffsfläche zu bieten. Sie setzen alles daran zu verhindern, dass über sie geredet wird.

In der Praxis hat sich jedoch gezeigt, dass das niemals gänzlich verhindert werden kann, ganz egal, wie sehr man sich auch bemüht. Es wird immer Menschen geben, die über einen reden, und das muss natürlich nicht zwangsläufig negativ sein. Dennoch kann jeder Versuch, dies zu unterbinden, die Situation verschlimmern. Ein anschauliches Beispiel dafür ist der Streisand-Effekt[41]. Dieser besagt, dass der Versuch, Informationen geheim zu halten, dazu führen kann, dass sie sich umso schneller und weiterverbreiten. Ein bekanntes Beispiel ist der Fall der Sängerin Barbra Streisand, die versuchte, Fotos ihres Hauses aus der Öffentlichkeit fernzuhalten. Durch ihre Klage wurde die Angelegenheit jedoch erst richtig bekannt, und mehr Menschen erfuhren von dem, was sie eigentlich geheim halten wollte. Auch ich habe in meiner Funktion als Arbeitspsychologin in verschiedenen Unternehmen Ähnliches beobachtet. Gerüchte verbreiten sich besonders schnell, wenn man versucht, sie zu unterbinden. Interessanterweise wird über jene, die möglichst viel geheim halten möchten, besonders gern geredet. Das trifft sowohl auf Führungskräfte als auch auf Mitarbeiter zu, die nicht transparent kommunizieren.

Zusammenfassend lässt sich sagen: Es ist nahezu unmöglich zu verhindern, dass andere Leute über einen reden. Das ist bisher niemandem gelungen. Im Gegenteil, der Versuch, sich abzuschotten, kann die Situation sogar verschlimmern.

Wenn man wenig über sich preisgibt, regt das andere erst recht zu Spekulationen an. Selbst wenn man versucht, alles geheim zu halten, wird gerade deshalb über einen gesprochen. Man sollte also nicht versuchen zu verhindern, dass über einen geredet wird.

Denn das ist völlig normal und passiert überall. Wenn jedoch hinter deinem Rücken Gerüchte über dich verbreitet werden, ist es wichtig, dass du Stellung beziehst und deine Sicht der Dinge darlegst.

Umgang mit schwierigen Kunden

Abschließend möchte ich noch auf den Umgang mit anspruchsvollen Kunden eingehen. Grundsätzlich kannst du alles, was du bisher gelesen hast, eins zu eins auf Kunden übertragen. Kunden können mitunter unzufrieden sein, vielleicht aufgrund eines belastenden Tages oder einer schwierigen Lebensphase. In solchen Momenten könnten sie ihre Unzufriedenheit auf dich übertragen und dich als Projektionsfläche für ihre eigenen Herausforderungen nutzen, indem sie ihren Frust dir gegenüber zum Ausdruck bringen. Diesen Faktor solltest du dir immer wieder ins Bewusstsein rufen, insbesondere wenn du hauptsächlich kurzfristigen Kundenkontakt pflegst. Das bedeutet, dass du zwar mit vielen Kunden interagierst, jedoch nie lange mit demselben Kunden in Kontakt stehst und stattdessen ständig wechselnde Kundenbeziehungen hast. In solchen Situationen ist es entscheidend, negative Äußerungen von Kunden nicht persönlich zu nehmen. Es ist nicht sinnvoll, länger über diesen einen Kunden nachzudenken oder sich um die Optimierung der Kundenbeziehung zu bemühen, wenn du im nächsten Moment schon wieder für einen anderen Kunden da sein musst. In solchen Situationen ist es zwar ratsam, höflich und zuvorkommend zu sein, um einen guten Eindruck zu hinterlassen. Wenn der Kunde jedoch trotzdem unfreundlich ist, ist es wichtig, dass du dir bewusst machst, dass das nichts mit dir zu tun hat. Möglicherweise kämpft der Kunde gerade mit Schwierigkeiten und kann deswegen nicht besser reagieren. Und vergiss nie: Kunden, die negativ auffallen, tun dies nicht nur an einem Ort. In der Regel handelt es sich um Kunden, die sich häufig beschweren und gerne Missmut äußern. Es hat also nichts mit dir zu tun. Ich bin mir bewusst, dass ich das bereits mehrmals erwähnt habe, es ist mir aber wichtig, dies besonders hervorzuheben. Bei kurzfristigen Kundenkontakten geht es daher vor allem darum, negative Kundenreaktionen nicht persönlich zu nehmen. Bei langfristigen Kundenbeziehungen sind jedoch zusätzliche Überlegungen wichtig. Ähnlich wie in der Zusammenarbeit mit dauerhaft präsenten Kollegen ist es auch hier sinnvoll, einen Teil seiner Energie in die Erreichung einer harmonischen Zusammenarbeit zu investieren.

Bei der Interaktion mit Kunden gibt es jedoch einen wesentlichen Unterschied im Vergleich zur Zusammenarbeit mit Kollegen. Wir nehmen hier eine andere Rolle ein, die darauf abzielt, unsere Kunden zufriedenzustellen. Während die

Zusammenarbeit mit Kollegen auf Augenhöhe verläuft oder zumindest verlaufen sollte, findet die Zusammenarbeit mit unserem Kunden auf einer anderen Ebene statt. »Der Kunde ist König«, ist ein Satz, der mir dazu einfällt und der sicher jedem geläufig ist. Auch wenn viele heutzutage sagen, dass er nicht mehr stimmt, begegnen mir viele Führungskräfte, die das anders sehen. Der Kunde hat oft ein besonderes Privileg, das für manche auch die versteckte Klausel beinhaltet, dass man sich von ihm einiges gefallen lassen muss. Und zwar nicht, weil man es nicht besser wüsste oder sich nicht verteidigen könnte, sondern aufgrund eines gewissen Abhängigkeitsverhältnisses. Da ohne Kunden keine Geschäfte getätigt werden können, ist der Kunde automatisch in einer bevorzugten Position. Er ist somit der Auftraggeber, und in der Wirtschaft heißt es oft: »Wer zahlt, schafft an.« Wir haben hier also ein hierarchisches Verhältnis, und je nach Bedeutung und Größe des Kunden wird in Unternehmen darauf geachtet, wie viele Schwierigkeiten der Kunde machen darf, ehe er mit Konsequenzen rechnen muss. In Besprechungen höre ich oft Sätze wie »Bei dem musst du aufpassen, da hängt unsere ganze Zukunft davon ab« oder auch »Ach, dieser Peanuts-Kunde spielt sich wieder mal auf, als wäre er unser wichtigster Kunde«.

Besonders in Besprechungen, in denen es über notwendige Maßnahmen geht, die aus der Evaluierung der psychischen Belastungen resultieren, geht es häufig um den Umgang mit Kunden. Denn ja, manche Kunden bedeuten tatsächlich eine psychische Belastung für die Mitarbeiter, und wir überlegen, welche Maßnahmen ergriffen werden müssen, um diese Belastungen zu reduzieren. Doch oft stellt sich heraus, dass Kunden, die stark belastend sind, auch einen beträchtlichen Umsatz für das Unternehmen generieren. Daher ist die Geschäftsführung bei der Umsetzung von Maßnahmen besonders vorsichtig, vor allem wenn es um die Pflege langfristiger, wichtiger Kundenbeziehungen geht, die den Umsatz über mehrere Jahre sichern.

Auch wenn man in Zeiten des Personal- und Fachkräftemangels bei seinen Kunden ein bisschen wählerischer sein kann – denn man muss sich heutzutage nicht mehr alles gefallen lassen –, rücken möglicherweise neue Kunden nach, die auch Schwierigkeiten mit sich bringen können.

Hier stellt sich daher die Frage, wie man es schafft, sich von diesen Kunden nicht in den Wahnsinn treiben zu lassen. Was würde ich also Mitarbeitern empfehlen, die sich durch schwierige Kunden besonders stark belastet fühlen?

Hierzu schlage ich einerseits eine organisatorische Maßnahme und andererseits eine personenbezogene Maßnahme vor. Ich beginne mit dem organisatorischen Ansatz und möchte dazu ein Best-Practice-Beispiel aus einem Betrieb vorstellen. In diesem Unternehmen arbeiten zahlreiche Mitarbeiter, die kontinuierlich im Kundenkontakt stehen und Kundenprojekte verwalten. Hier verfolgt man den Ansatz, schwierige Kunden geschickt zu verteilen. Bei der Projektzuteilung wird darauf geachtet, dass nicht ein einziger Mitarbeiter alle schwierigen Kunden betreuen muss, sondern dass diese Kunden unter den Mitarbeitern aufgeteilt werden. Aufgrund dieser Vorgehensweise hat jeder Mitarbeiter ein ausgewogenes Verhältnis von fordernden, durchschnittlichen und angenehmen Kunden. Die Mitarbeiter dort sind mit der Situation zufrieden, da sie das Gefühl haben, dass alles gerecht aufgeteilt ist.

Doch was kann man persönlich tun, um besser mit einem schwierigen Kunden umzugehen, ohne eine organisatorische Maßnahme umzusetzen?

An dieser Stelle möchte ich zeigen, wie man die Gunst des Kunden in seinem eigenen Einflussbereich gewinnen kann. Stellen wir uns vor, der Kunde verhält sich eine Weile unauffällig, doch plötzlich kommt es zu einem Vorfall, einer Eskalation, einem Konflikt – beispielsweise, wenn etwas nicht den Vorstellungen des Kunden entspricht. In solchen Momenten sehe ich die beste Gelegenheit, den Kunden auf seine

Seite zu holen. So skurril es sich im ersten Moment auch anhören mag, birgt eine derartige kritische Situation stets eine große Chance – solange man diese souverän meistert.

Ein Kunde, der sich beschwert, kann tatsächlich zu deinem besten Kunden werden, wenn du Verständnis zeigst und angemessen auf ihn reagierst. Ich wage sogar zu behaupten, dass ein Kunde, der sich beschwert und dann zufriedenstellend betreut wird, zu einem wertvolleren Kunden wird als einer, der nie Kritik geäußert hat.

Das liegt daran, dass das Vertrauen des Kunden auf diese Weise besonders gestärkt wird, wodurch die Kundenbindung viel stärker ist als zuvor. Indem du auf die Anliegen des Kunden eingehst und mit ihm gemeinsam nach konstruktiven Lösungen suchst, zeigst du nicht nur deine Professionalität, sondern gewinnst gleichzeitig auch seine Wertschätzung. Es ist wichtig, die Kommunikation offenzuhalten und dem Kunden das Gefühl zu vermitteln, dass seine Anliegen ernst genommen werden. Dies führt dazu, dass er die ursprüngliche Unzufriedenheit überwindet und die Zusammenarbeit als positiv empfindet. Kunden, die sehen, dass ihre Anliegen ernst genommen werden und dass du bereit bist, konstruktiv auf Probleme einzugehen, entwickeln auf diese Art und Weise eine langfristige Loyalität. Zusammenfassend lässt sich feststellen: Diese Vorgehensweise wird nicht nur eine starke Bindung des Kunden an dich bewirken, sondern auch die Beziehung zu dir spürbar vereinfachen. Der Kunde wird förmlich begeistert von dir sein.

Falls du meinen Worten hier nicht vollständig traust, schlage ich vor, dass du es beim nächsten Mal ausprobierst, wenn es wirklich knifflig wird. Weiche weder zurück noch greife an, sondern stelle gezielt Fragen, um die Gründe für die Unzufriedenheit zu verstehen. Durch das Verständnis, das du dem Kunden entgegenbringst, wird die Situation in den meisten Fällen sofort deeskaliert. Darüber hinaus wird der Kunde überrascht sein, da er einen derart souveränen Umgang möglicherweise nicht gewohnt ist. Diese Herangehensweise wird sich in den kommenden Monaten positiv auf deine Erfahrungen auswirken. Der Kunde wird dich besser behandeln und mehr wertschätzen.

TOOLBOX ZEITMANAGEMENT

Selbstbestimmt vs. fremdbestimmt

»Was in unserer Macht liegt zu tun, liegt in unserer Macht, nicht zu tun.«
Aristoteles

Wenn dir im Job alles zu viel wird und du den Wald vor lauter Bäumen nicht mehr siehst, kommt dem Zeitmanagement eine wichtige Bedeutung zu. Zeitmanagement-Methoden sind keine Zauberpille, die alle Belastungen beseitigen und den Arbeitsdruck oder die Überlastung zur Gänze verschwinden lassen, aber sie können deinen Arbeitsalltag deutlich erleichtern. Gerade dann, wenn dein Arbeitgeber dir viel zu viel aufbürdet und die To-do-Liste immer länger wird, musst du einen Weg finden, wie du dauerhaft damit umgehen kannst. Wenn deine Abteilung zudem unterbesetzt ist, gewinnt das klare Setzen von Prioritäten existenzielle Bedeutung.

In diesem Kapitel wirst du sowohl neuartige als auch klassische Zeitmanagement-Methoden kennenlernen. Diese werden dir dabei helfen, deine Arbeitslast besser zu bewältigen. Vor allem, wenn du deine Arbeit frei planen und einteilen kannst, wirst du die Herausforderung kennen, deine To-do-Liste effizient abzuarbeiten. Schon Aristoteles wusste, dass alles, was in unserer Macht liegt zu tun, auch in unserer Macht liegt, nicht zu tun.

Falls deine Aufgaben klar vorgegeben sind, ist dieses Kapitel für dich vielleicht weniger relevant. Denn einerseits lässt sich Zeitmanagement nur dann anwenden, wenn du einen

Teil deiner Arbeit eigenständig planen und strukturieren kannst, andererseits könnte es für dich möglicherweise auch weniger wichtig sein. Das liegt daran, dass bei klar vorgegebenen und zeitlich festgelegten Aufgaben die Tendenz, Dinge aufzuschieben, eher gering ist. An manchen Tagen magst du motiviert und gut gelaunt sein, aber selbst an Tagen, an denen du keine Lust hast, wirst du deine Aufgaben dennoch erledigen. Denn möglicherweise warten Menschen auf deine Hilfe und benötigen deine Unterstützung, oder es gibt Maschinen und Anlagen, die dir Aufgaben zuweisen, die du innerhalb bestimmter Zeitintervalle erledigen musst. Selbstverständlich kann es auch vorkommen, dass du eine Mischung aus selbst- und fremdbestimmten Tätigkeiten ausübst. Möglicherweise kannst du einen Teil deiner Arbeit frei planen und einteilen, während der andere klar vorgegeben ist. So verbringst du beispielsweise einen Teil deiner Arbeitszeit in Meetings oder Gesprächen mit Kunden, während du die restliche Zeit mit Arbeiten am PC und der Erstellung von Berichten verbringst. Diese Beispiele führe ich an, um zu verdeutlichen, dass es sowohl selbst- als auch fremdbestimmte Tätigkeiten gibt. Entweder kann der Arbeitstag zum Teil frei geplant werden oder aber Arbeitsabläufe sind klar vorgegeben. Zeitmanagement ist bei allen Aufgaben anwendbar, bei denen eigenständiges Arbeiten möglich ist. Wenn die Arbeitsabläufe vorgegeben sind, hilft dir Zeitmanagement allerdings nicht weiter.

Wie sieht es bei dir aus? Wenn du deinen Arbeitsalltag betrachtest: Welchen ungefähren Anteil kannst du dir frei einteilen und welcher Anteil ist vorgegeben?

Sobald du deine Einschätzung in Prozent abgegeben hast, überlege, bei welchen Aufgaben du eigenständig handeln kannst. Konzentriere dich auf diese Bereiche, denn dort wirst du durch effektives Zeitmanagement deutliche Fortschritte erzielen können. Falls du zum Schluss gelangst, dass du 0 % deiner Zeit eigenständig einteilen kannst – was äußerst selten der Fall ist –, kannst du dieses Kapitel fast vollständig überspringen.

Aufschieberitis reduzieren

»Nicht weil es schwer ist, wagen wir es nicht, sondern weil wir es nicht wagen, ist es schwer.«
Seneca

Wenn die Arbeitsbelastung hoch ist und deine To-do-Liste aus allen Nähten platzt, kann es herausfordernd sein, überhaupt anzufangen. Wir neigen dazu, die Aufgaben hinauszuzögern, und ehe wir es merken, ist wertvolle Zeit verstrichen. Wenn jeder Tag damit beginnt, dass du auf deine Aufgabenliste schaust und dich fragst: »Wie um alles in der Welt soll ich das alles schaffen?«, dann besteht die Gefahr, dass du in Prokrastination verfällst. Zu viele To-dos können uns einen Schrecken einjagen und verleiten uns dazu, uns mit weniger wichtigen Aufgaben zu beschäftigen. Dadurch mögen wir zwar den Eindruck haben, produktiv zu sein, doch die wirklich wichtigen Aufgaben bleiben unerledigt. Unangenehme Tätigkeiten auf der To-do-Liste verschärfen die Problematik. Denn in solchen Fällen ist bereits absehbar, was bevorsteht, und die Motivation nimmt spürbar ab. Falls dir dieses Problem bekannt vorkommt, bist du damit bei Weitem nicht allein. Vielen Menschen ergeht es genauso. Ich wage sogar zu behaupten, dass jeder Mensch irgendwann in seinem Leben mit dieser Thematik konfrontiert wird, ganz gleich, ob im beruflichen oder privaten Umfeld.

Deshalb zählt es zu den zentralen Aspekten des Zeitmanagements, die Tendenz zur Prokrastination – auch Aufschieberitis genannt – auf ein Minimum zu reduzieren. Hierbei wähle ich bewusst das Wort »reduzieren«, denn es ist schlichtweg unmöglich, sie gänzlich zu verhindern. Es gelingt niemandem, jeden Tag zu 100 % produktiv zu sein.

Es mag vielleicht an manchen Tagen möglich sein, wenn die Motivation hoch ist, doch es wird bestimmt nicht immer klappen, da es auch Zeiten der Demotivation oder des Unwohlseins gibt. Hin und wieder beschäftigen uns auch private Probleme, die unsere Konzentration beeinträchtigen. Das Ziel liegt also darin, die Prokrastination zu minimieren und eine effektive Herangehensweise an unsere Tätigkeiten zu finden. Die folgenden Seiten werden dir zeigen, wie wir die Aufschieberitis überlisten können. Ähnlich wie im Rest dieses Buches geht es nicht darum, sämtliche Zeitmanagement-Methoden anzuwenden, sondern vielmehr darum, eine Technik auszuwählen, die deinen Arbeitsalltag erleichtert.

Aufgaben priorisieren

Aufgaben zu priorisieren, ist vor allem in Zeiten des Fachkräfte- und Personalmangels von entscheidender Bedeutung. Wenn zu wenig Personal vorhanden ist, kann es durchaus vorkommen, dass du eine übermäßig lange To-do-Liste abarbeiten musst. Was tust du also, wenn vor dir eine To-do-Liste liegt, die im Grunde genommen nur von zwei oder drei Personen bewältigt werden könnte?

In meiner beruflichen Laufbahn bin ich zahlreichen Menschen begegnet, die trotz enormer Belastung unermüdlich weitergemacht haben, ohne aufzugeben. Sie waren von der Überzeugung getrieben, die gesamte Liste von A bis Z irgendwie abarbeiten zu müssen. Diese außergewöhnliche Motivation und Entschlossenheit hat sie dazu gebracht, trotz aller Herausforderungen und Hindernisse nicht den Mut zu verlieren und einfach weiterzumachen. Doch gleichzeitig überforderten sie sich dabei selbst und gefährdeten ihre Gesundheit. Sie steckten sich unrealistische Ziele und konnten diesen nicht gerecht werden. Schließlich erkannten sie, dass sie mit der Liste, egal, wie sehr sie sich auch anstrengten, nie fertig werden würden. Denn während sie dabei waren, die Liste abzuarbeiten, kamen ständig neue Aufgaben hinzu. Es wurde zu einer schier endlosen Geschichte.

Zu erkennen, dass unsere Kräfte begrenzt sind, ist daher kein Zeichen von Schwäche. Ganz im Gegenteil: Indem wir Prioritäten setzen, können wir oft sogar effizienter arbeiten.

Wenn du also vor einer schier endlosen To-do-Liste stehst, solltest du dir nicht zum Ziel setzen, sie zur Gänze abzuarbeiten. Vielmehr gilt es, entsprechende Prioritäten zu setzen – erledige die wichtigen und dringlichen Aufgaben immer zuerst. Und sei bereit, die übrigen Aufgaben auf den kommenden Tag zu verschieben.

Es gibt verschiedene Zeitmanagement-Methoden, um die richtigen Prioritäten zu setzen. Ich empfehle in meinen Zeitmanagement-Seminaren gerne die ABC-Methode.[42] Bei diesem Verfahren werden Aufgaben nach ihrer Priorität sortiert, indem man sie in A-, B- und C-Aufgaben einteilt. A-Aufgaben sind die dringendsten und wichtigsten, die sofort erledigt werden müssen. Sie haben große Auswirkungen auf die Ziele und Ergebnisse sowohl des Unternehmens als auch der Mitarbeiter und sollten daher immer Priorität haben. Diese Aufgaben müssen unbedingt am selben Tag erledigt werden, um Engpässe oder Probleme zu vermeiden. B-Aufgaben sind wichtige, aber nicht unbedingt dringende Aufgaben, und sie haben eine geringere Priorität als A-Aufgaben. Sie haben eine moderate Auswirkung auf die Ziele und Ergebnisse und sollten angegangen werden, sobald die

A-Aufgaben erledigt sind. C-Aufgaben sind im Vergleich zu A- und B-Aufgaben weniger wichtig, es entsteht kein Problem, wenn sie auf den nächsten Tag verschoben werden.

Kennzeichne also jedes To-do auf deiner To-do-Liste mit einem A, B oder C. Reihe die Punkte auf deiner Liste anschließend nach Prioritäten. Platziere die A-Aufgaben ganz oben auf deiner Liste. Füge die B-Aufgaben in der Mitte ein, und setze die C-Aufgaben ans Ende.

Neben der Wahl der Zeitmanagement-Methode ist es für viele auch von Bedeutung, wie sie ihre Aufgabenliste verfassen. Einige Menschen bevorzugen es, ihre To-do-Liste auf einem Blatt Papier statt digital zu führen, da sie beim Durchstreichen der erledigten Tätigkeiten besondere Befriedigung verspüren. Der physische Akt des Durchstreichens, wenn sie eine Aufgabe abgeschlossen haben, löst in ihnen ein Gefühl der Erfüllung aus. Es ist, als würden sie dadurch einen sichtbaren Beweis dafür bekommen, dass sie etwas geschafft haben und ihrem Ziel einen Schritt nähergekommen sind. Diese haptische Erfahrung kann auch motivierend wirken, da sie das Gefühl der Zufriedenheit verstärkt und den Ehrgeiz steigert, weitere Aufgaben auf der Liste zu bewältigen. Andere wiederum bevorzugen es, ihre To-do-Liste digital zu führen und dafür spezielle Apps zu verwenden. Dadurch können sie die Liste bequem auf ihrem Smartphone mitführen. Diese digitale Variante hat den Vorteil, dass sie jederzeit und überall ihre Aufgaben ergänzen, bearbeiten oder abhaken können. Es ist nicht mehr nötig, nach einem Notizzettel zu suchen oder sich Sorgen zu machen, dass man diesen verlieren könnte. Mit der digitalen Lösung sind alle Aufgaben an einem zentralen Ort gespeichert und jederzeit abrufbar.

Wenn du darüber nachdenkst, deine To-do-Liste auf digital umzustellen, und dich fragst, welche Apps dafür geeignet sind, empfehle ich dir, nach aktuellen und beliebten Apps zu recherchieren. Ich habe beobachtet, dass die beliebten Apps in diesem Bereich ständig wechseln. Die Apps, die ich noch vor einem Jahr in Zeitmanagement-Seminaren empfohlen habe, sind heute schon wieder überholt. Daher ist es ratsam, sich regelmäßig über aktuelle Entwicklungen zu informieren, um eine zeitgemäße App zu finden, die deinen Bedürfnissen und Anforderungen am besten entspricht.

Salamitaktik

Wenn in deinem Arbeitsalltag zahlreiche langwierige Aufgaben oder Projekte auf dich warten, ist es ratsam, diese Tätigkeiten zuerst aufzuteilen. Betrachte daher eine Aufgabe oder ein Projekt wie eine ganze Salami. Nun greifst du zum Messer, schneidest die Salami in mehrere Scheiben und isst sie Stück für Stück. Auf diese Weise näherst du dich schrittweise deinem Ziel. Bevor du eine tägliche To-do-Liste erstellst, ist es also empfehlenswert, eine Projekt-To-do-Liste zu erarbeiten. Mittels der Salamitaktik zerlegst du große Ziele und Aufgaben in kleine, überschaubare Schritte.[43] So verlieren sie ihren Schrecken und lassen sich leichter bewältigen. Denn häufig liegt der Grund dafür, dass wir eine bestimmte Aufgabe vor uns herschieben, darin, dass sie zu umfangreich ist. Es ist daher ratsam, bei einer Aufgabe – ganz gleich welcher Art –, die du immer wieder aufschiebst, zu überprüfen, ob du sie nach der Salamitaktik noch weiter aufteilen kannst.

In Wahrheit kann jedes Ziel als Projekt angesehen werden. Nehmen wir zum Beispiel das Ziel, deine eigene Belastung zu reduzieren und dich bei der Arbeit wieder wohler zu fühlen, ohne deinen Job aufzugeben. Wenn wir dieses Projekt nun mittels der Salamitaktik aufteilen, ergeben sich kleine Schritte, die dich deinem Ziel näherbringen. Wenn du dieses Ziel, dich wieder wohlzufühlen, jedoch niemals in kleine Schritte einteilst, wirst du das Gefühl haben, dass es nur schwer zu schaffen ist. Der Berg wird dir viel zu hoch vorkommen, und du fragst dich, wie du ihn jemals erklimmen sollst. Die Salamitaktik kann dir dabei helfen, diesen vermeintlich unüberwindbaren Berg zu bewältigen. Du kannst dir das auch bildlich vorstellen. Wenn man das Ziel, die Belastung zu reduzieren und sich in der Arbeit wieder wohlzufühlen, in mehrere Etappen aufteilt, könnten folgende Teilschritte nötig sein.

1. **Selbstreflexion:** Beginne damit, dich selbst zu reflektieren und die Ursachen für deine aktuelle Belastung und das Unwohlsein am Arbeitsplatz zu identifizieren. Frage dich, welche Aspekte deiner Arbeit oder deines Umfeldes dich besonders belasten. Dabei wird dir dieses Buch und eventuell auch andere Literatur zu diesem Thema helfen; es kann auch nützlich sein, einen Therapeuten aufzusuchen, um deine Situation zu analysieren und zu optimieren.

2. **Maßnahmenumsetzung:** Mache dir Notizen zu den Abschnitten und Absätzen in diesem Buch, die du künftig anwenden möchtest. Zum Beispiel könntest du beschließen, öfter im beruflichen Umfeld für deine eigenen Bedürfnisse einzutreten und Selbstfürsorge zu praktizieren, deinen Chef von unten zu führen und das Prinzip der Reziprozität anzuwenden, ein Gedanken-Reframing durchzuführen, dein Schlafverhalten zu verbessern, und so weiter. Einige dieser Möglichkeiten mögen dir noch nicht bekannt vorkommen, da sie erst in den nächsten Kapiteln beschrieben werden, jedoch dient dieses Beispiel lediglich zur Veranschaulichung. Es ist wichtig, Ziele in Prioritäten aufzuteilen. Im nächsten Schritt könntest du dir überlegen, wie du eine bessere Work-Life-Balance schaffen kannst. Finde Möglichkeiten, um außerhalb der Arbeit Entspannung und Ausgleich zu schaffen, sei es durch Sport, Hobbys, Meditation oder Zeit mit Familie und Freunden. Und achte im letzten Schritt darauf, auch kleine Erfolge und

Fortschritte bewusst wahrzunehmen und zu feiern. Die positiven Veränderungen können für dich eine zusätzliche Motivation sein, weiter an deinem Ziel zu arbeiten. Indem du das Ziel der Belastungsreduktion in diese Teilschritte aufteilst, wird es dir leichter fallen, gezielt an den einzelnen Herausforderungen zu arbeiten und kontinuierlich Fortschritte zu erzielen, um dich schrittweise wieder wohler in deiner Arbeit zu fühlen.

Not-to-do-Liste

»Was du nicht tust, bestimmt, was du tust.«
Tim Ferriss

Wenn du deine To-do-Liste fertiggestellt hast, vergiss nicht, eine Not-to-do-Liste zu erstellen. Während auf deiner To-do-Liste alle Aufgaben landen, die du heute noch erledigen möchtest, enthält deine Not-to-do-Liste alles, was du an diesem Tag mit Absicht nicht machen möchtest. Werde dir deiner hinderlichen Gewohnheiten und unnötiger Ablenkungen bewusst und schreibe diese auf die Not-to-do-Liste. So kannst du dich besser auf das Wesentliche konzentrieren und deine Produktivität steigern. Das Verfassen dieser Liste ist nur dann sinnvoll, wenn du ehrlich zu dir selbst bist. Der Vorteil besteht darin, dass du die Liste niemandem zeigen musst – sie gehört allein dir, und niemand hat Einblick, solange du sie an einem geeigneten Ort aufbewahrst.

Doch bedenke immer, dass eine ehrliche Selbstreflexion den Grundstein bildet, um hinderliche Eigenschaften abzubauen. Besonders in Zeiten von Social Media und kontinuierlichen Ablenkungen erweist sich die Not-to-do-Liste als wertvolles Hilfsmittel. Die Zeit, die wir auf sozialen Medien verbringen oder damit, ständig zum Smartphone zu greifen, um nach Neuigkeiten zu sehen und unsere E-Mails zu überprüfen, fehlt uns an anderer Stelle. Das kann uns in

Stress versetzen. Ein unbehagliches Gefühl schleicht sich ein: Hätten ich dieses oder jenes nicht getan, hätte ich meine Aufgaben schon erledigt und könnte entspannt Feierabend machen. Wenn dir das öfter passiert, ist es besonders wichtig, deine hinderlichen Eigenschaften zu notieren und diese bewusst zu kontrollieren. Reflektiere sie und schreibe sie auf die Not-to-do-Liste. Hierbei ist es wichtig zu wissen, dass es äußere und innere Saboteure und Ablenkungen gibt. Äußere Saboteure sind Störgeräusche und Ablenkungen, wie beispielsweise Kollegen, die lautstark telefonieren. Innere Saboteure sind emotional aufgeladene Signale, die von innen auftauchen, wie Gedanken, Sorgen oder Tagträume. Zu den inneren Saboteuren zählt auch jenes innere Verlangen, etwas anderes zu tun, als sich der aktuellen Aufgabe zu widmen – wie etwa auf sozialen Medien nach Neuigkeiten zu suchen. Innere Saboteure erweisen sich daher oft als gefährlicher als äußere.

Schon allein dadurch, dass man sich diese Ablenkungen bewusst macht und schriftlich festhält, wird man daran erinnert, diese Gewohnheiten zu vermeiden und sich auf die wirklich wichtigen Aufgaben zu konzentrieren. Die Not-to-do-Liste dient somit als Leitfaden, um das eigene Verhalten zu reflektieren und eine bewusstere und produktivere Arbeitsweise zu fördern.

Um diesen Zeitmanagement-Tipp abzurunden, möchte ich dir einige Beispiele für Not-to-dos geben, die ich im Laufe der Jahre in Workshops gemeinsam mit Mitarbeitern erarbeitet habe. Vielleicht kannst du etwas davon für deine Not-to-do-Liste übernehmen. Wenn du täglich viele E-Mails erhältst, kann es dich ausbremsen, wenn du diese sofort überprüfst und beantwortest. Es ist ratsam, stattdessen bestimmte Zeiten festzulegen, um diese E-Mails zu beantworten.

Einige Mitarbeiter setzen auf ihre Not-to-do-Liste auch das Ziel, Besprechungen mit Kollegen oder Telefonate mit Kunden nicht unnötig in die Länge zu ziehen und sicherzustellen, dass diese innerhalb eines festgelegten Zeitrahmens abgeschlossen werden. Zahlreiche Personen fügen ihrer Not-to-do-Liste auch hinzu, Kunden nicht jeden Extra- und Sonderwunsch zu erfüllen und weniger zusätzliche Aufgaben von Kollegen anzunehmen. Dies impliziert, nicht auf jede Bitte von Kollegen automatisch mit einem Ja zu reagieren, da dies dazu führen könnte, dass man mit seinen eigenen Aufgaben nicht mehr klarkommt. Und als letztes Not-to-do kann genannt werden, dass es uns oft aufhält und Zeit raubt, wenn wir häufig Aufgaben erledigen, die zwar angenehm, aber von geringer Bedeutung sind. Man arbeitet nicht an dem, woran man eigentlich arbeiten sollte, und schiebt die wirklich wichtigen Aufgaben immer weiter vor sich her. Dieses Aufschieben kann, wie schon besprochen, großen Stress verursachen und kommt deswegen auf die Not-to-do-Liste.

Die genannten Beispiele sollen lediglich als Inspiration dienen.

Was würdest du selbst gerne auf deine Not-to-do-Liste setzen? Wo könntest du wertvolle Zeit einsparen, indem du bestimmte Aufgaben bewusst nicht mehr erledigst oder anders angehst?

Pomodoro-Technik

»Das ganze Leben ist ein ewiges Wiederanfangen.«
Hugo von Hofmannsthal

Oftmals ist gerade der Beginn einer Aufgabe eine Herausforderung. Sobald wir jedoch einmal angefangen haben, wird alles leichter und läuft fast wie von selbst. Indem man sich selbst ein bestimmtes Zeitintervall vorgibt, beispielsweise wie bei der Pomodoro-Technik 25 Minuten Arbeit gefolgt von fünf Minuten Pause, wird es leichter, sich an die Arbeit zu machen.[44] Man weiß, dass bereits nach 25 Minuten eine kurze Pause ansteht und man nicht lange durchhalten muss.

An Tagen, an denen es an innerem Antrieb fehlt, ist es ratsam, zunächst nur ein Pomodoro-Intervall zu absolvieren und dann weiterzusehen. Diese klare Zeitstruktur schafft Motivation und fördert die Konzentration, da man sich darauf einstellt, nur für eine begrenzte Zeit intensiv arbeiten zu müssen. Dadurch wird der innere Widerstand überwunden und der Einstieg in die Aufgabe erleichtert. Falls du die Pomodoro-Methode noch nicht kennst, aber sie gerne einmal ausprobieren möchtest, empfehle ich dir, auf YouTube danach zu suchen. Dort findest du eine Vielzahl von Videos, die mit einer Pomodoro-Stoppuhr versehen sind und dir anzeigen, wann du arbeiten solltest und wann du eine Pause einlegen kannst. Du hast die Möglichkeit, Videos mit oder ohne Hintergrundmusik auszuwählen, je nachdem, wie du am liebsten arbeitest. Diese Videos können dir dabei helfen, für eine bestimmte Zeitdauer konzentriert und intensiv zu arbeiten. Du hast das Gefühl, dass du durch dieses Zeitintervall geführt wirst und nicht mehr auf dich allein gestellt bist.

Timeboxing

»Kümmere dich um die Minuten, und die Stunden werden sich von selbst erledigen.«
Lord Chesterfield

Wenn du trotz der Anwendung der Pomodoro-Technik immer noch Schwierigkeiten hast, ein Projekt in deinen beruflichen Alltag zu integrieren, empfehle ich dir, die Zeitmanagement-Methode Timeboxing auszuprobieren.[45] Beim Timeboxing werden noch kürzere Zeitintervalle vorgegeben, beispielsweise nur fünf oder zehn Minuten Arbeitszeit. Hier ist die Hemmschwelle, mit einer Aufgabe zu beginnen, besonders niedrig, da du weißt, dass du nur für kurze Zeit, beispielsweise fünf Minuten, durchhalten musst. Diese Methode kann sich als äußerst hilfreich erweisen, wenn deine Lust auf eine Aufgabe gegen null geht. Indem du dich auf diese kleinen, überschaubaren Intervalle konzentrierst, wirst du oft feststellen, dass du nach dem Startschuss in den Arbeitsfluss kommst und die Zeit für dich zu einer motivierenden Verbündeten wird, um die Aufgaben effizient zu bewältigen.

Gerade Projektarbeit lässt sich mittels Timeboxing sehr gut in einen ansonsten stressigen Arbeitstag integrieren. Wenn du neben deinen alltäglichen Aufgaben auch noch ein Projekt zu erledigen hast, für das dir eigentlich die Zeit fehlt, dann nimm dir jeden Tag nur zehn Minuten Zeit dafür.

Es sollte mindestens die ausgewählte Zeitbox abgearbeitet werden, jedoch empfiehlt es sich weiterzuarbeiten, falls man noch Zeit und Lust dazu hat. Hierbei ist jedoch Vorsicht geboten: Es sollte maximal eine Zeitbox pro Tag gewählt werden. Denn ist der gesamte Tag in Zeitboxen aufgeteilt, kann dies zu zusätzlichem Stress führen. Die Idee hinter dieser Methode ist es, schrittweise und kontinuierlich an einem Projekt zu arbeiten, auch wenn es nur für kurze Zeit ist. Diese regelmäßigen Zeitfenster ermöglichen es dir, das Projekt laufend voranzubringen, ohne dich dabei zu überfordern.

Ich persönlich finde die Timeboxing-Methode großartig, denn dank ihr ist es mir gelungen, dieses Buch zu schreiben. Aufgrund meines Arbeitsalltags hatte ich niemals den ganzen Tag Zeit, um mich ausschließlich dem Schreiben zu widmen. Stattdessen habe ich je nach Terminkalender und Arbeitstag entweder eine halbe oder eine Stunde als Zeitbox gewählt, um kontinuierlich an meinem Buch zu arbeiten. So gelang es mir, Stück für Stück voranzukommen und mein Ziel zu erreichen. Die Idee, ein Buch zu schreiben, hatte ich schon seit Jahren, doch ich wusste nicht, wie ich das jemals schaffen könnte. Ich wollte weder Aufträge ablehnen noch Kunden abgeben, da dies auch finanzielle Einbußen bedeutet hätte. Gleichzeitig war es mir jedoch sehr wichtig, dieses Buch zu verwirklichen. So war ich immer wieder auf der Suche nach etwas, das es mir ermöglichen würde, mein Vorhaben in die Tat umzusetzen.

Und dann erinnerte ich mich an folgende Situation: Jahrelang wollte ich mehr Sport treiben, doch es gelang mir immer nur kurzfristig, und irgendwann gab ich es wieder auf. Denn ich war einfach zu gestresst, hatte kaum Zeit und war von anstrengenden Außendienst-Arbeitstagen, gefolgt von langen Autofahrten, oft so müde, dass ich es einfach nicht schaffte, ins Fitnessstudio zu gehen. Erst während der Pandemie, als die Fitnessstudios geschlossen hatten, entdeckte ich etwas für mich Neues: Ich begann, Home-Work-outs auf YouTube zu machen. Dort fand ich viele Videos, die nach der Timeboxing-Methode konzipiert waren, das heißt, sie dauerten nur zehn Minuten. Diese kurzen, aber intensiven Work-outs ließen sich perfekt in meinem Tagesablauf unterbringen und halfen mir, regelmäßige Bewegung in meinen Alltag zu integrieren. Schon bald waren mir die zehn Minuten zu wenig, und ich klickte auf weitere Videos, die mir Spaß machten, sodass ich im Durchschnitt täglich auf 30 Minuten Work-out kam. Früher, als ich noch ins Fitnessstudio gegangen war, verschlang das inklusive der Hin- und Rückfahrt locker zwei Stunden. Das war für mich nach einem langen Arbeitstag einfach zu zeitaufwendig, sodass ich mich nicht mehr dazu aufraffen konnte. Stattdessen legte ich mich aufs Sofa und tat einfach nichts. Doch dank der Entdeckung der Home-Work-outs auf YouTube konnte ich diese Hürde überwinden und regelmäßig kurze, effektive Work-outs in meinen Alltag integrieren. Dadurch wurde es für mich deutlich leichter, etwas für meine Fitness zu tun. Zudem bemerkte ich nach einiger Zeit, dass die Work-outs mich glücklich und zufrieden stimmten. Es war keine Überwindung mehr, sondern etwas, auf das ich mich nach einem langen Arbeitsalltag schon freute. Ähnlich erging es mir auch beim Schreiben des Buches. Am Anfang schrieb ich in festen Timeboxing-Intervallen. Doch mit der

Zeit wurde es immer leichter, und ich arbeitete sogar über die Intervalle hinaus. Das Schreiben bereitete mir zunehmend Freude und war für mich zugleich eine erfüllende Erfahrung.

Eat that frog

»Iss morgens als Erstes einen lebendigen Frosch,
dann kann dir während des restlichen Tages
nichts Schlimmeres mehr passieren.«
Mark Twain

Egal, wie wir es auch drehen und wenden, es wird in unserem Job immer Tätigkeiten geben, die uns keinen Spaß machen. Und es sind gerade diese Tätigkeiten, die wir gerne aufschieben. »Eat that frog« ist eine Zeitmanagement-Methode, um dieses Problem des Hinauszögerns zu überwinden. Brian Tracy hat dazu ein Buch geschrieben und 21 Wege zusammengefasst, um in weniger Zeit mehr zu erreichen.[46]

Der Ausdruck »Eat that frog« stammt jedoch ursprünglich von Mark Twain, der einst sagte: »Wenn das Erste, was du morgens tust, darin besteht, einen lebendigen Frosch zu essen, wirst du den Rest des Tages in dem Wissen verbringen, dass dies das Schlimmste war, was dir heute passieren konnte.«[47] Im übertragenen Sinne bedeutet dies, dass es ratsam ist, sich zuerst den unangenehmsten Aufgaben zu widmen, bevor man alle anderen Dinge erledigt. Dieser Ansatz reduziert den Stress für viele Menschen erheblich. Ist das unangenehmste To-do auf der Liste einmal erledigt, läuft der restliche Arbeitstag entspannter ab.

Als ich zum ersten Mal von dieser Zeitmanagement-Methode hörte, dachte ich, dass sie wohl nicht sehr beliebt wäre. Schließlich erledigt kaum jemand gerne die unangenehmste Aufgabe gleich zu Beginn, oder? Doch zu meiner Überraschung ergaben Umfragen in zahlreichen meiner Zeitmanagement-Vorträge, dass diese Methode sehr häufig angewendet wird. Diese Umfragen führe ich als Vortragende durch, da es mich interessiert, welche Zeitmanagement-Methode den Mitarbeitern am besten gefällt. Zudem möchte ich herausfinden, welche Methode sie in Zukunft anwenden möchten. Auf Platz 1 oder 2 landete dabei immer »Eat that frog«.

Im Anschluss sprechen wir dann immer darüber, was dieser »Frosch« denn überhaupt sein könnte. Häufig werden dabei Aufgaben genannt, die mit unangenehmen zwischenmenschlichen Interaktionen in Verbindung stehen, wie zum Beispiel das Beantworten einer Kundenbeschwerde, das Telefonat mit einem schwierigen Kunden oder ein Gespräch mit dem Vorgesetzten. Es werden auch oft Beispiele genannt, die komplexer sind und für die es keine einfache Lösung gibt. Nicht zuletzt stehen auch immer wieder Routinetätigkeiten, die regelmäßig erledigt werden müssen, aber keinen Spaß machen, auf der Liste. Möglicherweise deshalb, weil diese Tätigkeiten von Monotonie geprägt sind.

An dieser Stelle möchte ich dich bitten, darüber nachzudenken, welche Aufgaben in deinem Arbeitsalltag für dich unangenehm sind. Welche Tätigkeiten fallen dir schwer?

Egal, welche Aufgabe du auswählst, denke bitte daran, dass wir das Gefühl haben, dass unliebsame Tätigkeiten länger dauern, als dies tatsächlich der Fall ist. Diese Annahme ist trügerisch, lass dich also nicht davon irritieren. Denn eine unangenehme Aufgabe wie zum Beispiel ein Telefonat kann auch in fünf Minuten erledigt sein. Unser Gefühl sagt uns jedoch, dass uns diese Aufgabe sicherlich mehr Zeit kosten wird, nur weil sie unangenehm ist.

Aber diese Korrelation ist unsinnig. Schreibe daher bei jedem »Frosch« immer dazu, wie lange es deiner Meinung nach dauern wird, diese Aufgabe zu erledigen. Wenn du siehst, dass es in Wirklichkeit womöglich nur fünf Minuten kostet, wirst du die unangenehme Aufgabe sofort angehen und es hinter dich bringen. Denn warum solltest du dir von einem »Frosch«, der so schnell gegessen werden kann, den ganzen Tag versauen lassen?

Nehmen wir an, es ist früh am Morgen und du hast gerade deine To-do-Liste geschrieben. Du hast die Aufgaben nach Wichtigkeit und Dringlichkeit geordnet und überlegst dir nun, was dein heutiger »Frosch« ist. Vermutlich stehen zwei oder sogar mehrere unangenehme Aufgaben auf der Liste. Doch die unangenehmste ist ein Telefonat mit einem Kunden, den du darüber informieren musst, dass ein Auftrag nicht bis zum gewünschten Termin fertiggestellt werden kann. Du bist dir bewusst, dass du keine erfreulichen Neuigkeiten übermitteln kannst, also rechnest du mit Gegenwind.

Entschlossen nimmst du dir vor, die Methode »Eat that frog« auszuprobieren. Das Erste, was du also machst, ist, den Kunden anzurufen. Wie zu erwarten war, verläuft das Telefonat nicht optimal, aber wenn du ehrlich bist, hätte es auch schlimmer kommen können. Nachdem du den Kunden über die Situation informiert hast, überlegt ihr gemeinsam, was zu tun ist, und siehe da, schneller als gedacht ist das Gespräch zu Ende. Es hat nicht einmal fünf Minuten gedauert. Du verspürst ein Gefühl der Erleichterung und atmest auf. Dann belohnst du dich mit einer Tasse Kaffee und machst dich an die nächste Aufgabe. Den »Frosch« gleich als Erstes zu essen, hat dir ein so gutes Gefühl gegeben, dass du nun voller Tatendrang bist. Du wirst bemerken, dass dir die nächsten Aufgaben leichter von der Hand gehen, und machst mühelos weiter.

85-%-Regel

Die 85-%-Regel stellt eine weitere Methode dar, um einerseits effizient zu arbeiten und andererseits den Alltagsstress zu reduzieren. Nur wenige kennen diese Regel, nicht einmal jene, die sich intensiv mit dem Thema Zeitmanagement beschäftigt haben. Denn es handelt sich um ein vergleichsweise neues Konzept, zumindest im deutschsprachigen Raum. Die 85-%-Regel besagt, dass maximale Leistung nicht unbedingt maximale Anstrengung erfordert. Man stellt ganz im Gegenteil oft fest, dass man langsamer wird, wenn man sich zu viel vornimmt. Der Akku entlädt sich schneller, wenn man ständig auf Hochtouren arbeitet. Geprägt wurde dieser Begriff vom Autor Greg McKeown, der darüber in seinem Buch »Effortless – Wie man sich mühelos auf das Wichtigste konzentriert« berichtet.[48]

Die 85-%-Regel sollte besonders von Perfektionisten beherzigt werden, die sich mit großem Engagement ihrer Arbeit widmen, sich viel zu viel aufhalsen und dann erkennen, dass sie überfordert sind oder ihre Verpflichtungen trotz unermüdlichen Einsatzes nicht bewältigen können. Es wurde festgestellt, dass das fortwährende Streben danach, immer 100 % zu geben, nicht dazu führt, dass man besser ist als andere, sondern dass man ganz im Gegenteil mit der Zeit sogar schlechter wird. Man verliert den Überblick, macht häufiger Fehler, und am Ende bleibt eeiniges sogar unerledigt, da man sich zu viel vorgenommen hat.

Die 85-%-Regel besagt, dass man sich weniger vornehmen sollte – nämlich 85 %. Die genaue Prozentangabe sollte dabei nicht überinterpretiert werden. Es bedeutet lediglich, dass man sich etwas weniger vornehmen, das dann jedoch wirklich machen sollte. Denn es hat sich gezeigt, dass man auf diese Weise länger fit bleibt, länger durchhält und vielleicht sogar Reserven hat, falls etwas schiefgeht oder zusätzliche Aufgaben auftauchen. Du magst dich nun fragen, wie es möglich sein soll, weniger zu arbeiten, als vorgegeben ist.

Wie zu Beginn dieses Kapitels beschrieben, hängt die Umsetzung von Zeitmanagement-Maßnahmen immer davon ab, inwieweit man selbstbestimmt oder fremdbestimmt arbeiten kann. Wenn der Arbeitsalltag zu 100 % fremdbestimmt ist, könnte es schwierig sein. Doch das kommt wie bereits erwähnt selten vor. Wenn du selbst bestimmen kannst, in welcher Reihenfolge du deine Aufgaben erledigst, und viel in Projektarbeit involviert bist, kannst du durchaus bestimmen, was du machst und wie du es machst.

Plane also lieber konkret und setze das dann auch um, statt zu versuchen, auf mehreren Hochzeiten zu tanzen – nur um dann feststellen zu müssen, dass du dir zu viel vorgenommen und am Ende gar nichts wirklich geschafft hast.

Dieses Phänomen ist vielen bekannt: Der Arbeitstag vergeht wie im Flug, und am Ende stellt man fest, dass man eigentlich nicht weitergekommen ist. Dies geschieht, wenn man sich zu viele Aufgaben vornimmt und möglicherweise alles gleichzeitig erledigen möchte.

Dann ist die Enttäuschung groß, der Druck, den man sich selber macht, nimmt weiter zu, und man denkt: »Morgen muss ich wirklich 110 % geben, um alles aufholen zu können.« Doch das ist ein Trugschluss. Denn auch am nächsten Tag wird es schwierig sein, 110 % zu geben. So verliert man zunehmend den Überblick, versinkt im Chaos und ist nie mit sich selbst im Reinen. Die 85-%-Regel schlägt vor, sich etwas zurückzunehmen und zu akzeptieren, dass die täglichen Energiereserven begrenzt sind. Man sollte sich nicht zu viel aufladen und nicht enttäuscht sein, wenn man nicht alles sofort schafft. Hierbei geht es nicht nur um die Quantität, sondern auch um die Qualität. Einige Menschen sind so perfektionistisch, dass sie alles perfekt erledigen wollen.

Die 85-%-Regel besagt nicht nur, dass man sich weniger vornehmen, sondern auch, dass man weniger akribisch sein sollte. Es ist sinnvoll, sich zu überlegen, bei welchen Aufgaben man einfach zu sehr ins Detail geht und wie man es schaffen kann, einen gesünderen Arbeitsrhythmus zu finden.

Die 85-%-Regel soll einem dabei helfen, effizienter zu arbeiten und den Stress zu reduzieren. Denke also darüber nach, welche Zusatzaufgaben du dir eventuell ersparen kannst, um etwas Druck herauszunehmen.

Freizeit unter die Lupe nehmen

»Die Zeit verweilt lange genug für denjenigen, der sie nutzen will.«
Leonardo da Vinci

Abschließend möchte ich noch ein paar Überlegungen zum Thema Zeitmanagement in der Freizeit anstellen. Denn es zeigt sich, dass ein durchdachtes Zeitmanagement nicht nur im Berufsleben, sondern auch in der Freizeit von entscheidender Bedeutung ist. Das Wort »Freizeit« an sich deutet bereits darauf hin, dass es um unsere ungebundene Zeit geht, die wir frei und nach eigenem Ermessen einteilen können. In meinen Vorträgen und Workshops stellt sich jedoch immer wieder heraus, dass viele Menschen das Gefühl haben, ihre Freizeit, insbesondere ihr Feierabend und das Wochenende, sei stark von äußeren Einflüssen bestimmt. Bereits am Sonntagabend, noch bevor die neue Arbeitswoche beginnt, verspüren viele Menschen Stress, weil sie in ihrer Freizeit nicht genug Erholung finden konnten. Als Grund wird häufig angegeben, dass die Freizeit bereits im Voraus verplant ist und man seinen Verpflichtungen nachkommen muss. Dies ist nachvollziehbar, da jeder, abhängig von seiner Lebenssituation, Verpflichtungen hat – sei es kleinen Kindern, der Familie oder den Eltern gegenüber, die allmählich mehr

Unterstützung benötigen. Doch trotz der verschiedenen Verpflichtungen, die in unserer Freizeit auf uns warten, ist diese nicht gänzlich von äußeren Einflüssen bestimmt. Wenn du über dein Leben nachdenkst – wie viel Prozent deiner Freizeit kannst du so nutzen, wie du es gerne hättest? Und wie viel Prozent empfindest du als vorbestimmt? Schau dir das Ergebnis genauer an. Denn deine wirklich freie Zeit kannst du nach deinen eigenen Wünschen gestalten. Du kannst dich zum Beispiel deinen Hobbys widmen, die dir große Freude bereiten, dich erfüllen und deinen Akku wieder aufladen.

Aber wie sieht es mit deinen Verpflichtungen in der Freizeit aus? Mit Aufgaben, die dir keine Freude bereiten? Es lohnt sich, diese ungeliebten Tätigkeiten möglichst rasch hinter dich zu bringen. Schau dir an, ob du die vorgestellten Zeitmanagement-Methoden auch in der Freizeit anwenden kannst. Sie können dir dabei helfen, deinen Verpflichtungen effizient nachzukommen, etwa bei Tätigkeiten, die den Haushalt betreffen. Einige meiner Workshop-Teilnehmer berichteten davon, dass sie auch für ihre Freizeit To-do-Listen erstellen und jede erledigte Aufgabe genüsslich abhaken. Andere wenden die »Eat that Frog«-Technik an, indem sie unangenehme Aufgaben, auf die sie eigentlich keine Lust haben, gleich nach der Arbeit erledigen oder bevor das Wochenende beginnt. Nach getaner Arbeit freuen sie sich dann über ein aufgeräumtes, gemütliches Zuhause und auf den Feierabend.

Man kann die »Eat that Frog«-Methode aber nicht nur bei Haushaltsaufgaben anwenden, sondern auch bei sportlichen Aktivitäten. Oft fühlt man sich müde und versucht, eine Fitness- oder Laufeinheit ausfallen zu lassen. Doch sobald man die sportliche Herausforderung gemeistert hat, fühlt man sich besonders gut und kann den Feierabend danach in vollen Zügen genießen.

Es ist auch wichtig, dass du deine Freizeitgestaltung in regelmäßigen Abständen kritisch unter die Lupe nimmst.

Stelle dir die Frage, ob deine Freizeitaktivitäten dir Freude bereiten oder ob du dabei lediglich gesellschaftlichen Verpflichtungen nachkommst und die Erwartungen der anderen erfüllst. Vor allem wenn du in deiner freien Zeit häufig Stress empfindest, solltest du darüber nachdenken, welche Tätigkeiten, die dir keine Freude machen, du in Zukunft reduzieren oder ganz vermeiden kannst. Nimm dir Zeit, um deine Freizeit zu reflektieren. Gehst du Aktivitäten nach, die dir Freude bereiten, und hast du Hobbys, die dir Energie geben? Oder bist du hauptsächlich mit Aktivitäten konfrontiert, die dir Energie rauben? Wenn Letzteres der Fall ist, könnte es hilfreich sein, eine Not-to-do-Liste für die Freizeit zu erstellen.

Überlege dir, welche Tätigkeiten du in Zukunft reduzieren möchtest, um mehr Zeit für Hobbys und erfreuliche Aktivitäten zu gewinnen. Mache nur das, was du wirklich machen möchtest oder unbedingt machen musst. Wenn du etwas weder gerne machst noch machen musst, ist das ein klarer Fall für die Not-to-do-Liste.

Ein durchdachtes Zeitmanagement kann also auch in der Freizeit von großer Bedeutung sein. Menschen, die ihre Freizeit bewusst gestalten, finden mehr Erfüllung, da ihr Akku durch Aktivitäten, die sie lieben, immer wieder aufgeladen wird.

AUS DEM GEDANKEN-KARUSSELL AUSSTEIGEN

Nicht abschalten können

»Es sind nicht die Dinge selbst, die uns beunruhigen, sondern die Meinung, die wir über diese Dinge haben«.
Epiktet

Unsere Gedanken und Gefühle beeinflussen maßgeblich unser Wohlbefinden. Ein einziger negativer Gedanke reicht, um uns in schlechte Stimmung zu versetzen. Genauso wie ein einziger positiver Gedanke genügt, um uns glücklich zu stimmen. Negative Ereignisse können unsere Gedanken trüben, positive Erlebnisse hingegen können sie aufhellen. Dennoch sind es nicht nur die äußeren Umstände, die unsere Gedanken formen. Letztendlich entscheidet unsere Bewertung einer Situation darüber, wie wir uns fühlen. Es sind also unsere Gedanken, die darüber entscheiden, ob wir uns wohlfühlen oder nicht.

Nehmen wir als Beispiel einen Chef, der schlechter Laune ist und das an dir auslässt. Bei der Reflexion dieser ungünstigen Arbeitssituation gibt es unterschiedliche Perspektiven, die man in Betracht ziehen kann. Man kann sich denken: »Natürlich, war ja nicht anders zu erwarten. Mein Chef macht mir wieder mal das Leben schwer. Er kann mich wohl nicht leiden, und das zeigt er auch.« Man könnte es aber auch anders sehen und sich denken: »Er scheint offensichtlich Probleme zu haben. Vielleicht macht ihm etwas in seinem Privatleben Kummer? Schade, dass er sich so gehen lässt. Dieses Verhalten ist mittlerweile in der ganzen Firma bekannt, und es ist wohl nur eine Frage der Zeit, bis sich das negativ auf seine Karriere auswirkt.« Du siehst – man kann ein und dasselbe Ereignis auf unterschiedliche Weisen interpretieren. Man kann es persönlich nehmen oder – was die gesündere Alternative ist – Gründe identifizieren, warum der Chef möglicherweise schlecht gelaunt ist.

Als weiteres Beispiel möchte ich eine bevorstehende wichtige Präsentation für einen neuen Großkunden hernehmen. Die Gedanken dazu könnten sein: »Ich darf diese Präsentation keinesfalls vermasseln. Alles muss perfekt sein. Was, wenn etwas schiefgeht? Verliere ich dann meinen Job?« Man könnte sich aber auch sagen: »Okay, ich bin nervös, aber das ist normal. Es gäbe wohl nur wenige Menschen, die an meiner Stelle völlig gelassen wären. Immerhin steht eine wichtige Präsentation bevor. Aber warum erwarte ich eigentlich von mir, dass ich eine absolut makellose Präsentation abliefere, wenn nicht einmal mein Chef dazu in der Lage ist? Denn ich habe schon öfter Fehler in seinen Präsentationen entdeckt. Warum sollte ich also nicht auch Fehler machen dürfen?«

Auch hier können wir zwei unterschiedliche Denkmuster beobachten: auf der einen Seite das stressverschärfende »Du musst perfekt sein« und auf der anderen Seite die Möglichkeit, Stress aus der Situation herauszunehmen. Was ich damit sagen möchte, ist, dass ein und dasselbe Ereignis vor der Tür steht, wir aber dennoch bewusst entscheiden können, wie wir damit umgehen.

Es sind also niemals nur die äußeren Ereignisse und Vorkommnisse, die dafür sorgen, dass wir uns schlecht fühlen, sondern immer auch die Art und Weise, wie wir diese bewerten.

Ein weiterer Faktor, der im Zusammenhang mit unseren Gedanken eine wichtige Rolle spielt, ist die Intensität, mit der wir über eine Situation nachdenken. Denn je intensiver wir über etwas nachdenken, desto mehr beschäftigt es uns. Besonders für diejenigen von uns – und da zähle ich mich auch selber dazu –, die sich häufig in Grübeleien verlieren und negativen Gedanken ausgesetzt sind, ist es entscheidend zu lernen, wie man mit diesen Gedankenspiralen umgehen kann. Als »Overthinker« muss man sich daher gut überlegen, wie man die Flut negativer Gedanken reduzieren kann und welche Aktivitäten dazu beitragen können, das Grübeln zu beenden und wieder eine positivere Sicht auf die Dinge zu bekommen.

Um sich von negativen Gedanken zu befreien, ist es von essenzieller Bedeutung, zwei grundlegende Aspekte zu begreifen. Zum einen gilt es zu verstehen, wie Grübeln überhaupt entsteht, welche Ursprünge es hat und wie man sich in ein Gedankenkarussell oder eine Gedankenspirale verwickelt. Zum anderen ist es wichtig, ein tiefgehendes Verständnis dafür zu entwickeln, warum es so entscheidend ist, geschickt mit seinen negativen Gedanken umgehen zu können. Denn wir werden diese niemals vollständig loswerden. Es ist trotzdem möglich, Strategien zu entwickeln, mit ihnen umzugehen.

In diesem Kapitel werden wir uns also damit befassen, warum negative Gedanken immer wieder hochkommen und warum es so schwierig ist, sie wieder loszulassen. Zudem werden wir der Frage nachgehen, warum es uns nicht möglich ist, uns den ganzen Tag mit positiven und aufbauenden Gedanken zu beschäftigen. Eine Welt, in der wir den Großteil des Tages von inspirierenden Gedanken umgeben sind, erscheint doch verlockend und könnte unser Leben in vielerlei Hinsicht enorm bereichern. Warum also ist es uns nicht möglich, uns permanent in diesem Zustand des Positiven zu befinden?

Negative Gedanken über Bord werfen

Da es für niemanden angenehm ist, über seine eigenen Probleme nachzudenken, sich Sorgen um Arbeit, Gesundheit oder die Familie zu machen, hegen viele den Wunsch, die negativen Gedanken möglichst rasch loszuwerden. Das wäre natürlich perfekt, denn wo keine negativen Gedanken existieren, finden sich auch keine belastenden Gemütszustände. Niemand würde sich mehr schlecht oder traurig fühlen, und jegliche negativen Empfindungen würden verschwinden. Probleme wären keine Probleme mehr, denn sie würden uns nicht mehr belasten. Das wären die Vorteile, wenn wir keine negativen Gedanken mehr hätten und unser Leben nur mehr aus positiven Gedanken oder Tagträumereien bestehen würde.

Dennoch muss hier klar gesagt werden, dass die Nachteile bei Weitem überwiegen würden. Denn bislang hat noch kein Mensch eine Methode gefunden, all die negativen Gedanken zu eliminieren, ohne dabei schwere Schäden anzurichten. Die Fähigkeit, sich mit Problemen auseinanderzusetzen, auch die schwierigen Aspekte des Lebens zu erkennen und negative Gedanken zu reflektieren, ist essenziell für unser Wohlergehen. Ohne diese Fähigkeit würden wir uns einem erheblichen Risiko aussetzen und uns möglicherweise sogar selbst in Lebensgefahr bringen. Es mag zwar medizinisch möglich sein, die negativen Gedanken in unserem Gehirn zum Schweigen zu bringen, etwa indem das Angstzentrum manipuliert oder abgeschaltet wird.[49] Doch das hätte ernsthafte Konsequenzen, die weitaus schlimmere Auswirkungen haben können als unsere negativen Gedanken. Wie ein Experiment mit Ratten eindrucksvoll bewiesen hat.[50] Dabei konnte beobachtet werden, dass die Ratten nacheinander und sogar mit Freude den Tod suchten, wenn man ihr Gehirn manipulierte. Denn sie verspürten keinerlei Angst mehr und waren nicht mehr in der Lage, Gefahrensituationen zu erkennen. Folglich begaben sie sich freiwillig in Gefahr. Dieses eindrückliche Beispiel kann durchaus auf den Menschen übertragen werden.

Nur ein Mensch, der Gefahrensituationen als solche erkennen kann, ist in der Lage, sich selbst in Sicherheit zu bringen. Und nur wer in der Lage ist, Probleme als solche zu erkennen, schafft es zu überleben. Ob es uns passt oder nicht – es gibt keine Möglichkeit, unsere negativen Gedanken einfach loszuwerden.

Gewiss können uns positive Gedanken dabei helfen, einen optimistischeren Blick auf unser Leben zu werfen. Das positive Denken findet bis heute großen Anklang, und viele betrachten es als die Lösung, weniger negative Gedanken zu haben. Doch nur weil wir positiv denken, bedeutet das nicht, dass wir uns nicht auch mit unseren negativen Gedanken auseinandersetzen müssen. Das Erlernen des positiven Denkens gleicht dem Lernen einer neuen Sprache, nehmen wir als Beispiel die Fremdsprache Spanisch. Auch wenn wir uns alle Mühe geben, Sprachkurse besuchen, spanische Bücher lesen und uns mit spanischsprachigen Personen unterhalten, ja sogar wenn wir nach Spanien ziehen und nur mehr Spanisch sprechen, werden wir unsere Muttersprache nicht vergessen. Denn das negative Denken ist wie unsere Muttersprache tief in uns verwurzelt und wird nicht einfach ausgelöscht. Es ist daher besser, dies zu akzeptieren und zu sagen: »Ich kann schon gut Spanisch sprechen, das bereitet mir Freude und bereichert mein Leben.« Doch letztendlich wird es auch Tage oder Situationen geben, in denen wir wieder Deutsch sprechen müssen, vielleicht um unser eigenes Leben zu sichern oder einfach nur weil wir einen schlechten Tag hatten und uns am Abend mit Grübeleien beschäftigen. Heute ist einfach nicht der richtige Tag, um Spanisch zu sprechen. Was ich damit sagen möchte, ist, dass es weder erforderlich noch überhaupt möglich ist, ausschließlich positiv zu denken. Manchmal ist es auch leichter, sich einfach seinen negativen Gedanken zu überlassen, bis man sie wieder satthat. Es geht darum, ein gesundes Gleichgewicht zu finden und die Fähigkeit zu entwickeln, angemessen mit beiden Arten von Gedanken umzugehen.

Wie ein Gedankenkarussell entsteht

Wir verstehen jetzt also, warum die Auseinandersetzung mit negativen Gedanken wichtig ist. Doch eine Frage bleibt bestehen: Warum verstricken wir uns manchmal in unsere negativen Gedanken und warum fällt es uns so schwer, uns davon zu lösen? Wenn diese Gedanken für unser Überleben notwendig sind, warum reicht es dann nicht aus, sie nur hin und wieder zu haben? Warum müssen wir uns manchmal stunden- oder sogar tagelang mit ihnen auseinandersetzen?

Warum also gibt es so etwas wie ein Gedankenkarussell, in dem sich Gedanken kontinuierlich und wiederholt in unserem Kopf im Kreis drehen, ohne dass wir zu einem klaren Abschluss kommen? Wenn wir uns in so einem Zustand befinden, lassen sich diese unerwünschten Gedanken einfach nicht mehr verdrängen, und wir finden einfach keine Lösung; es ist, als ob wir im Kreis gehen. Häufig merken wir es recht spät, wenn wir uns in einem Gedankenkarussell befinden. Zu diesem Zeitpunkt haben sich unsere Denkschleifen oft schon mehrmals wiederholt, aber es ist dennoch nie zu spät zu erkennen, dass wir uns in unseren Gedanken verstrickt haben, denn schließlich wollen wir uns ja auch wieder davon lösen. Damit das gelingt, ist es wichtig zu verstehen, wie ein Gedankenkarussell entsteht.

Jeder Mensch sieht sich mit Problemen konfrontiert, und es ist ganz natürlich, sich darüber Gedanken zu machen.

Es tauchen Fragen auf wie zum Beispiel: »Warum musste mir das passieren?«, oder: »Wie komme ich da möglichst schnell wieder raus?« Vielleicht sind uns bereits mögliche Lösungswege bekannt, aber es kann vorkommen, dass Zweifel auftauchen und wir uns nicht sicher sind, ob dieser Lösungsweg der richtige ist. Es kann auch sein, dass wir ein Problem haben, das außerhalb unserer Kontrolle liegt und nicht direkt von uns gelöst werden kann. In solchen Fällen finden wir keine klaren Antworten oder Lösungen für unsere Fragen. Da wir es aber gewohnt sind, Antworten und Lösungen zu finden, geraten wir in solchen Situationen in eine Sackgasse. Wir können unsere Gedanken dann nicht erfolgreich zu Ende denken – es ist, als würde eine Serie mit einem Cliffhanger enden. Natürlich möchten wir sofort die nächste Folge sehen, um zu erfahren, wie es weitergeht. Ähnlich ist es mit unseren Gedanken; wir verspüren das Bedürfnis, sie erneut zu durchdenken. Unser Geist legt uns nahe, dass dies notwendig ist, da im schlimmsten Fall Gefahr droht, wenn wir keine geeignete Lösung finden. Er vermittelt uns den Eindruck, dass wir, sobald wir eine befriedigende Lösung gefunden haben, in Sicherheit sind. Wir hegen auch die Hoffnung, dadurch klüger zu werden und zu einem Abschluss zu kommen. Aber wir kommen zu keinem Ergebnis und fühlen uns machtlos. Dieses Gefühl der Ohnmacht möchten wir loswerden, und so beginnen wir erneut zu grübeln. Dieser Kreislauf setzt sich fort, und irgendwann, wenn wir bereits viel Zeit damit verschwendet haben, wird uns bewusst, dass wir geistig feststecken.

In solchen Momenten ist es entscheidend, erstens zu erkennen, dass wir uns in einem Gedankenkarussell befinden und uns dies nichts bringt. Und zweitens Methoden anzuwenden, um diesem Gedankenkarussell zu entkommen und wieder einen klaren Kopf zu bekommen. Denn wenn wir bereits mehrmals versucht haben, gedanklich eine Lösung zu finden, ist es unwahrscheinlich, dass wir beim x-ten Versuch endlich Erfolg haben. Stattdessen braucht es Zeit und Geduld, um unsere Gedanken zu ordnen. Möglicherweise finden wir zu einem späteren Zeitpunkt oder am nächsten Tag eine Lösung, aber im Moment eben nicht. Dessen sollten wir uns bewusst werden.

Auf den kommenden Seiten werden wir uns eingehend diesem Thema widmen, damit du hilfreiche Werkzeuge in die Hand bekommst, um diesem Teufelskreis zu entkommen.

Gedanken auf ihren Wahrheitsgehalt hin überprüfen

Wenn sich ein belastender Gedanke hartnäckig hält und du möglicherweise in einem Gedankenkarussell gefangen bist, überprüfe ihn zunächst auf seinen Wahrheitsgehalt hin. Der Vorteil liegt darin, dass du, wenn es dir gelingt, den Gedanken als falsch zu entlarven, sofort aus dem Gedankenkarussell aussteigen kannst. Dafür braucht es keine langwierigen Methoden oder Techniken – die Erkenntnis, dass der Gedanke falsch ist, wird dir sofort helfen, ihn loszulassen. Die allererste Methode, um negative Gedanken loszuwerden, die ich hier vorstellen möchte, ist also zu überprüfen, ob die gerade auftauchenden Gedanken überhaupt wahr sind.

Denn viele unserer Gedanken haben nichts mit der Realität zu tun, sondern beruhen auf reiner Spekulation, die wir aufgrund unserer bisherigen Erfahrungen anstellen.

Wenn wir einen Gedanken denken, vermittelt unser Gehirn uns, dass dieser Gedanke auf alle Fälle wahr ist. Doch bei genauerer Betrachtung zeigt sich häufig, dass der Gedanke nicht der Realität entspricht und lediglich eine Konstruktion unserer eigenen Gedankenwelt ist. Die Autorin Katie Byron empfiehlt, sich stets folgende Frage zu stellen: Ist dieser Gedanke zu 100 % wahr?[51] Wenn wir nicht mit absoluter Sicherheit sagen können, dass der Gedanke zu 100 % wahr ist, können wir ihn sofort verwerfen. Und wenn es uns nicht gelingt, ihn sofort zu verwerfen, ist es zumindest möglich, diesem Gedanken weniger Beachtung zu schenken und ihn nicht mehr so ernst zu nehmen. Auch am Arbeitsplatz entstehen viele Konflikte nur deshalb, weil einige Personen zu wissen meinen, was andere denken oder nicht denken. Sie sind fest davon überzeugt, die Gründe für das Verhalten einer Person zu kennen. Oft entstehen Vermutungen darüber, warum diese Personen einen nicht mögen. Es mag zwar Situationen geben, in denen man mit seinen Interpretationen und Analysen tatsächlich richtigliegt, aber in vielen Fällen ist man damit auf dem Holzweg. Denn niemand kann die Gedanken eines anderen lesen, und dennoch verhalten wir uns häufig so, als wäre uns dies möglich.

Dazu möchte ich dir ein Beispiel geben. Ich wurde von einem Unternehmen, in dem es einen Konflikt zwischen zwei Mitarbeiterinnen gab, beauftragt, mit den beiden zu reden und herauszufinden, welche Maßnahmen nötig waren, damit sie wieder konfliktfrei zusammenarbeiten konnten.

> Die erste Mitarbeiterin erzählte mir, dass sie, seit sie im Unternehmen angefangen hatte, von einer Kollegin, die bereits länger dort tätig war, gemobbt wurde. Diese übersah sie, wenn sie sich am Gang trafen, antwortete verzögert und reserviert auf ihre E-Mails und verhielt sich in Teambesprechungen ihr gegenüber unfreundlich. Die neue Mitarbeiterin kam daher zu der Meinung, dass diese Kollegin sie überhaupt nicht leiden könne und alles daransetze, um ihr zu schaden. Sie war sogar felsenfest davon überzeugt, dass diese Kollegin sie aus dem Unternehmen mobben wolle. Im zweiten Gespräch mit der langjährigen Mitarbeiterin stellte sich heraus, dass diese zu dem Zeitpunkt, als die neue Kollegin ins Unternehmen kam, privat eine schwierige Zeit

> durchmachte, bis hin zur Scheidung. Sie konnte sich in dieser Zeit nicht so gut um die neue Mitarbeiterin kümmern, wie sie eigentlich gewollte hatte. Als sich ihr Privatleben wieder normalisierte, bemerkte sie plötzlich, dass die neue Mitarbeiterin sie nicht mehr an sich heranließ. Alle Bemühungen, gut mit ihr zusammenzuarbeiten, liefen ins Leere, und sie hatte keine Ahnung, warum die neue Mitarbeiterin plötzlich so abweisend war. Schließlich hatte sie zu Beginn einen recht vernünftigen Eindruck gemacht. Als es zur Aussprache zwischen den beiden kam, entschuldigte sich die langjährige Mitarbeiterin bei der neuen Kollegin mit folgenden Worten: »Es tut mir leid, aber ich habe das ganz bestimmt nicht getan, weil ich dir schaden wollte. Es geschah einfach, weil ich mit meinen Gedanken ganz woanders war.«

Dieses Praxisbeispiel verdeutlicht, dass wir alle, ohne Ausnahme, oft vorschnell urteilen. Die neue Mitarbeiterin im Unternehmen nahm aufgrund der Unfreundlichkeit einer Kollegin an, dass diese sie einfach nicht mochte. Sie interpretierte diese Vorfälle als persönlichen Angriff. Es stellte sich jedoch heraus, dass die langjährige Mitarbeiterin lediglich privat eine schwierige Zeit durchmachte, was ihr Verhalten erklärte. Dies soll keineswegs eine Rechtfertigung für unfreundliches Verhalten sein, nur weil es einem privat nicht gut geht. Es soll lediglich verdeutlichen, dass hinter dem eigenartigen oder unfreundlichen Verhalten eines Menschen oft Gründe stecken, die nichts mit einem selbst zu tun haben. Daher können wir, wenn wir im Job negative Erfahrungen machen oder auf unhöfliche Personen stoßen, nie sicher sein, ob unsere Annahmen zutreffen. Im obigen Beispiel tat es das nicht.

Hast du gerade einen Gedanken, der dich sehr beschäftigt oder sogar quält? Dann überprüfe diesen Gedanken unbedingt auf seinen Wahrheitsgehalt hin. Stelle dir die Frage: Ist dieser Gedanke tatsächlich zu 100 % wahr?

Wenn du nach objektiver Betrachtung feststellst, dass es sich wirklich so verhält, wie du es dir denkst, und du zu 100 % davon überzeugt bist, wirst du auf den folgenden Seiten erfahren, wie du mit diesen Gedanken umgehen kannst.

Du kannst lernen, sie zu bewältigen oder sie möglicherweise sogar in eine positive Richtung zu lenken. Solltest du jedoch feststellen, dass dieser Gedanke nicht zu 100 % wahr ist, kannst du dir sicher sein, dass dich dieser Gedanke nicht mehr weiter beschäftigen muss. Du kannst ihn einfach verwerfen, denn die Wahrscheinlichkeit ist groß, dass dieser Gedanke nicht der Realität entspricht. Warum also solltest du dich mit einem falschen Gedanken beschäftigen?

Es ist etwas passiert

Wir gehen jetzt der Frage nach, was du unternehmen kannst, wenn in der Arbeit etwas passiert ist, was dich belastet und dich gedanklich stark beschäftigt, sei es in Zusammenhang mit einem Kunden, einem Kollegen oder dem Chef oder vielleicht sogar mit allen zusammen.

Du hast den Gedanken bereits auf seinen Wahrheitsgehalt hin überprüft, und leider trifft dieser Gedanke tatsächlich zu. Zumindest hast du ihn reflektiert und bist davon überzeugt. Wie gehst du mit dieser schwer zu verarbeitenden Situation um? Und was machst du, wenn du nach Dienstschluss immer noch an die belastende Situation denken musst? Je später der Feierabend fortgeschritten ist und die äußere Umgebung ruhiger und entschleunigt wird, desto mehr fangen deine Gedanken zu kreisen an. Und auch am nächsten Tag ist es das Erste, woran du denkst. Und du fragst dich, wie du diesen Gedanken wieder loswerden kannst.

Zu diesem Thema möchte ich dir folgende Geschichte erzählen:

Nach einem meiner Workshops zum Thema »Raus aus dem Gedankenkarussell« sprach mich eine Mitarbeiterin an. Sie erzählte, dass sie in einem großen Projekt eine Beschwerde von einem Kunden erhalten habe, die sie für ungerechtfertigt hielt. Der Kunde sei massiv auf sie losgegangen, obwohl sie bei dem Kundengespräch nichts falsch gemacht habe – sie konnte ihm nur einen Wunsch nicht erfüllen. Sie hielt sich dabei jedoch nur an die Vorgaben ihres Unternehmens, weshalb der spezielle Wunsch dieses Kunden eben nicht realisierbar war. Sie teilte dies dem Kunden höflich mit, worauf die Situation eskalierte. Der Kunde beschimpfte sie und behauptete, sie sei inkompetent und unfähig und als Projektmanagerin generell nicht geeignet. Seine Beschwerde drang bis zu ihrem Vorgesetzten durch, und auch alle ihre Kollegen hatten davon gehört.

Ihr war es sehr unangenehm, dass der Kunde sie persönlich verletzt und angegriffen hat. Aber noch unangenehmer war es ihr, dass dieses Ereignis sie in ein so negatives Licht rückte und sie wirklich im gesamten Unternehmen dumm dastand. Auch ihr Vorgesetzter war eine Zeit lang nicht gut auf sie zu sprechen. Obwohl sie ihm die Situation genau geschildert hatte, war er trotzdem der Meinung, dass sie für die Eskalation verantwortlich war. Sie solle sich nicht rechtfertigen und es beim nächsten Mal einfach besser machen. Das war hart, aber ihr blieb nichts anderes übrig, als tief durchzuatmen und seine Kritik hinzunehmen. Mittlerweile hatten sich die Wogen wieder geglättet, und auch die Zusammenarbeit mit ihrem Chef funktionierte wieder einwandfrei. Auch für den Kunden hatte sich eine Lösung gefunden, und somit wurde das Problem relativ rasch aus der Welt geschafft.

Dennoch blieb bei ihr ein Nachgeschmack zurück: Offenbar hatte sie etwas gravierend falsch gemacht. Denn warum sonst hätte der Kunde sie so unfair angegriffen? Und warum hatte ihr Vorgesetzter sie nicht verteidigt? War sie eine schlechte Mitarbeiterin, gar ein schlechter Mensch?

Diese Gedanken gingen ihr unaufhörlich durch den Kopf, doch sie fand keine Lösung. Noch nie zuvor hatte sie sich so unfair behandelt gefühlt. Die Kundenbeschwerde lastete schwer auf ihr, denn sie empfand sie als äußerst ungerechtfertigt und unfair. Das Ganze hatte sie persönlich stark getroffen. Die Eskalation lag bereits zwei Wochen zurück, doch sie hatte es immer noch nicht geschafft, sie gedanklich vollständig zu verarbeiten. Sie hegte seither bei jedem Kunden die Befürchtung, dass wieder etwas Ähnliches vorfallen könnte, und musste ständig an diese eine Kundenbeschwerde denken. Die Frage, wie sie diese negative Erfahrung hinter sich lassen und die Kundenbeschwerde endlich vergessen könnte, beschäftigte sie nach wie vor intensiv. Sie wollte sich einfach nicht mehr mit diesen belastenden Gedanken auseinandersetzen. Wir vereinbarten daraufhin eine Beratungsstunde, um in Ruhe darüber zu sprechen. Doch bevor sie ging, gab ich ihr einen Gedanken mit auf den Weg. Später teilte sie mir mit, dass dieser Vergleich ihr sehr geholfen und sie beruhigt habe.

Ich möchte diesen Gedanken daher auch mit dir teilen, falls du gerade an ein negatives Ereignis aus der Arbeit denkst, das du noch nicht verarbeiten konntest. Denn Eskalationen wie diese schwerwiegende Kundenbeschwerde können Verletzungen in unserer Psyche hervorrufen. Man kann das mit einer körperlichen Wunde vergleichen: Wenn man sich sein Knie aufschlägt, dauert es je nach Sturz und Verletzungsgrad seine Zeit, bis die Wunde heilt. Wenn wir uns ablenken, spüren wir den Schmerz weniger. Doch wenn wir allein zu Hause sitzen, wird uns die pochende, schmerzende Wunde wieder bewusst. Und wenn wir schlafen gehen, werden wir den Schmerz intensiver wahrnehmen als tagsüber. Sind wir also nicht abgelenkt, nehmen wir den Schmerz besonders intensiv wahr.

Das Gleiche gilt auch für seelische Wunden. Wir benötigen Zeit, um sie zu verarbeiten. Tagsüber, wenn wir beschäftigt sind, fällt uns der Gedankenkreisel vielleicht nicht so stark auf. Aber wenn wir mit unseren Gedanken allein sind, machen sie sich besonders lautstark bemerkbar. Und was viele nicht wissen: Auch bei seelischen Wunden wird, genau wie bei körperlichen Verletzungen, in unserem Gehirn das Schmerzzentrum aktiviert. Um seelische Verletzungen und Wunden zu heilen, ist Zeit häufig die beste Medizin. Wir sind häufig jedoch nicht bereit, das anzuerkennen. Bei körperlichen Verletzungen erwartet niemand, dass am nächsten Tag alles wieder gut ist. Bei belastenden Vorfällen am Arbeitsplatz sehen wir das jedoch anders; oft glauben wir nicht einmal, dass eine Heilung überhaupt notwendig ist. Wir nehmen an, dass der Vorfall in der nächsten Sekunde schon wieder vergessen ist. Denn das nächste Problem und die nächste belastende Situation warten schon auf uns, und es wird erwartet, dass wir einfach funktionieren.

Wenn es dir gerade nicht gut geht und du mit belastenden Gedanken aus der Arbeit kämpfst, sei dir bewusst, dass diese Gedanken mit der Zeit automatisch verblassen werden. Selbst wenn du dich nicht bewusst damit auseinandersetzt, wirst du diese Gedanken nach und nach verarbeiten, ähnlich wie bei einer körperlichen Wunde, die auch nach und nach verheilt. Auch die Techniken, die dir helfen sollen, Denkschleifen zu beenden, und die ich dir auf den folgenden Seiten vorstellen werde, brauchen Zeit. Bitte vergiss nicht, dass diese Methoden sonst ihre volle Wirkung nicht entfalten können.

Manchmal beschäftigen uns Gedanken auch einfach, weil sie noch nicht ausreichend verarbeitet wurden. Sowohl im beruflichen als auch im privaten Bereich ist es entscheidend zu akzeptieren, dass die Heilung seelischer Wunden Zeit braucht – daran können auch die besten Techniken und Experten nichts ändern. Diesen Hinweis muss ich hier ganz unverblümt anbringen, denn das ist bei meinen Seminaren der häufigste Einwand der Teilnehmer. Viele erwarten, dass sie ihre negativen Gedanken schnell und zur Gänze loswerden. Das wird nicht passieren. Nach jedem negativen Erlebnis braucht es immer sowohl die nötige Zeit als auch die passenden Techniken, um es zu überwinden.

Neue Gedanken tanken

»Du wirst morgen sein, was du heute denkst.«
Buddha

Es gibt Tage, an denen scheinbar alles schiefgeht und du dich einfach nicht gut fühlst. Es ist, als hätte sich alles und jeder gegen dich verschworen. Vielleicht erlebst du sogar mehrere solcher Tage hintereinander. Eine Kette von Missgeschicken und Niederlagen wirft einen förmlich aus der Bahn, und man verliert sich in einem Strudel negativer Gedanken. Genau für diese Tage und Situationen in deinem Leben möchte ich dir hier ein Werkzeug an die Hand geben. Das Ziel ist klar: sich von diesen negativen Phasen nicht herunterziehen zu lassen. Denn warum sollten wir uns in dieser bereits schweren Zeit noch zusätzlich belasten? Im Gegenteil, gerade jetzt brauchen wir leichte und positive Gedanken, die bewusst eine andere Richtung einschlagen. Es ist wichtig, sich selbst aufzubauen, nach vorne zu schauen und sich nicht weiter von Negativität beeinflussen zu lassen.

Wie kann einem das am besten gelingen? Hier kommt die Methode »Neue Gedanken tanken« ins Spiel. Der Name mag im ersten Moment nicht besonders viel verraten, doch diese Methode kann alles für dich verändern – egal, ob du nur einen schlechten Tag hast oder schon mehr passiert ist und du das Gefühl hast, dass vieles im Argen liegt.

In solchen schweren Zeiten solltest du bewusst neue Gedanken tanken, denn wie bereits erwähnt neigt unser Geist dazu, den negativen Seiten des Lebens mehr Beachtung zu schenken als den positiven. Besonders in Krisenzeiten oder an Tagen, an denen viel Druck von außen kommt, kann dies zu einem Problem werden. Dass wir Menschen uns auf das Negative in unserem Leben fokussieren, wird auch als »Negativ Bias Effect« bezeichnet.[52] Aufgrund dieses Effekts nehmen wir unser Leben manchmal negativer wahr, als es tatsächlich ist.

Vor diesem Hintergrund überrascht es wenig, dass unser Gehirn uns in schlechten Zeiten regelrecht mit negativen Gedanken überflutet. Hinzu kommt, dass wir in schwierigen Phasen anfälliger für negative Gedanken sind. Das bedeutet, wir neigen dazu, diesen Gedanken mehr Glauben zu schenken, da wir ohnehin leichter verwundbar und verletzlich sind. In solchen Momenten wird unser Gehirn uns also mit negativen Gedanken bombardieren: »Schau an, was dir da passiert ist«, »Du bist wirklich miserabel, vielleicht bist du überhaupt nicht geeignet«. Im Fall der Mitarbeiterin mit der Kundenbeschwerde könnten ihre Gedanken ihr einflüstern: »Du bist eine schlechte Mitarbeiterin«, »Niemand versteht dich, also kannst nur du schuld sein. Du bist eindeutig eine Versagerin«. Dein Gehirn wird sich wie ein wilder Löwe auf dich stürzen und dich gedanklich auseinandernehmen. Es wird dir immer mehr negative Gedanken aufzeigen, die dich noch unglücklicher machen und deine Unsicherheit verstärken. Du wirst selbst zu deinem größten Kritiker; dein Gehirn kennt all deine Schwachstellen, und der wilde Löwe wird keine Ruhe geben. So kann es geschehen, dass schlechte Phasen in unserem Leben zu negativen Gedanken führen und diese Gedanken die Situation weiter verschärfen.

Glücklicherweise gibt es jedoch auch einen Ausweg. Du kannst den wilden Löwen in deinem Gehirn beruhigen, bremsen und wieder besänftigen. Du musst ihn nur kontinuierlich mit neuen Gedanken füttern. Das solltest du so lange tun, bis er satt ist. Sobald du also fortwährend positive Gedanken aufnimmst, wird er diese Gedanken übernehmen – vorausgesetzt, du glaubst selbst an sie. Daher ist es von entscheidender Bedeutung, besonders in Phasen schlechter Stimmung oder anhaltender Schwierigkeiten, neue Denkansätze zu suchen. Aber wie tankt man neue Gedanken?

Eine bewährte Methode ist der Austausch mit Menschen. Gespräche mit Freunden, Kollegen, Familienangehörigen oder Bekannten eröffnen oft neue Perspektiven und ermöglichen es, die eigenen Probleme aus einem anderen Blickwinkel zu betrachten. Die Vielfalt der Meinungen von außen kann eine Quelle für neue Gedanken und Lösungsansätze sein, vorausgesetzt, man wählt die Menschen, denen man sich öffnet, mit Bedacht. Ob man die richtige Person gewählt hat, lässt sich jedoch ganz einfach feststellen: Sollte man sich nach so einem Gespräch schlechter fühlen als zuvor, dann war es eindeutig die falsche Person für dieses Anliegen. Damit möchte ich nicht behaupten, dass diese Person als Gesprächspartner generell ungeeignet ist; vielleicht ist sie es nur für das aktuelle Problem. Es kann durchaus sein, dass diese Person dir bei einem anderen Problem helfen kann – nur eben nicht bei diesem aktuellen Anliegen.

Suche daher gezielt nach Menschen, von denen du glaubst, dass sie dir bei deinem aktuellen Problem helfen können, und die in der Lage sind, dich dabei zu unterstützen. Diese Person kann wie gesagt jemand aus deinem sozialen Umfeld sein, du kannst jedoch auch auf Sachbuchautoren, Podcaster, Berater, Coachs oder Psychotherapeuten zurückgreifen. Diese Personen sind geschult darin, dir gezielt neue Gedanken zu vermitteln, die du nutzen kannst. Aufgrund ihrer jahrelangen, manchmal sogar jahrzehntelangen

Erfahrung mit einem bestimmten Thema können sie besonders hilfreich sein.

Ein Weg, um neue Gedanken zu tanken, liegt auch im Lesen von Büchern, die sich mit deinen aktuellen Anliegen beschäftigen. Auch Hörbücher und Podcasts können inspirierend wirken. In der heutigen digitalen Ära stehen zahlreiche Ressourcen online zur Verfügung. Diese kannst du sofort und zu jeder Zeit abrufen, was ein großer Vorteil ist.

Die Kunst besteht lediglich darin, gezielt nach Inhalten zu suchen, die zu den eigenen Gedanken und Problemen passen.

Um die Methode »Neue Gedanken tanken« auch praktisch zu erklären und dir zu zeigen, wie sehr diese Methode helfen kann, möchte ich erneut auf die Mitarbeiterin mit der Kundenbeschwerde zurückkommen. Aus nachvollziehbaren Gründen ging es ihr nicht gut, da sie eine schlechte Erfahrung gemacht hatte. Neben der Zeit, die sie brauchte, um dieses Ereignis zu verarbeiten, musste sie auch eindeutig auf neue Gedanken kommen. In ihrem Fall war es so, dass sie die arbeitspsychologische Sprechstunde aufsuchte, um sich neue Gedanken zu holen. Alternativ hätte sie auch Bücher lesen, Hörbücher hören oder Podcasts verfolgen können, die sich mit Themen wie dem Umgang mit schwierigen Kunden befassen.

Hier sind einige neue Denkanstöße, die ihr geholfen und ihr eine positivere Sicht ermöglicht haben: »Der Kunde war schwierig, es ist anzunehmen, dass er sich auch bei einer Kollegin beschwert hätte. Menschen, die sich einmal beschweren, neigen dazu, dies auch in anderen Situationen zu tun. Vielleicht sind sie unzufrieden mit ihrem Leben und müssen diese Negativität bei anderen abladen. Oder sie beschweren sich einfach grundsätzlich gern, da ihnen das eine Art Befriedigung verschafft. Es könnte aber auch sein, dass diese Person lediglich einen impulsiven, cholerischen Charakter hat, der zum Ausdruck kam, als im konkreten Fall etwas nicht nach Plan verlaufen ist.« Ein weiterer Gedanke, der ihr geholfen hat, war das Nachdenken über ihren direkten Vorgesetzten. Warum wollte er keine Diskussion zulassen und zog rasch einen Schlussstrich? Aber auch das hatte nichts mit der Mitarbeiterin zu tun. Im Nachhinein kam die Mitarbeiterin zu dem Schluss, dass das fast schon das Standardverhalten ihres Chefs war. Ihr war es zuvor nur noch nicht aufgefallen, da sie selbst bisher noch nicht in dem Maße davon betroffen war. Sie dachte darüber nach, wie er in der Vergangenheit in anderen Situationen reagiert hatte, wenn etwas nicht der Norm entsprach oder schiefgegangen war. Seine Art zu reagieren war stets sehr direkt, wenig einfühlsam und zugleich lösungsorientiert. Wenn ein Problem auftrat, ganz gleich welcher Art, wollte er keine Rechtfertigungen hören, weder von der betroffenen Mitarbeiterin noch von Kollegen oder sonst jemandem. Er wollte eine Lösung, und sobald diese gefunden war, war für ihn wieder alles in Ordnung. Solange es aber keine Lösung gab, war er recht streng und tat alles, um rasch eine zu finden – ohne Rücksicht auf Verluste.

All diese Überlegungen haben der Mitarbeiterin geholfen, den negativen Vorfall rascher zu verarbeiten. Sie fühlte sich gedanklich weniger von den Kunden verfolgt und nahm sich auch die Reaktion ihres Vorgesetzten weniger zu Herzen, da ihr bewusst geworden war, dass dieser auch bei ihren Kollegen ähnlich reagiert hätte und seine Reaktion nichts mit ihr persönlich zu tun hatte.

Wie sieht es bei dir aus? Welches Thema belastet dich in der Arbeit momentan besonders? Da du gerade dieses Buch liest, bist du ohnehin dabei, neue Gedanken zu sammeln. Vielleicht findest du hier die Lösung für dein Problem, oder es könnte auch hilfreich sein, mit anderen Personen darüber zu sprechen. In vielen Fällen ist die Mischung aus Gedanken aus Büchern zu tanken und mit anderen Menschen über das

Problem zu reden die beste Taktik, seine negativen Gedanken möglichst rasch über Bord zu werfen.

Gedankenschublade

Was kannst du tun, wenn du bereits neue Gedanken getankt und dich mit anderen Menschen ausgetauscht hast und trotzdem noch negative Gedanken in deinem Kopf herumgeistern? Du hast alles versucht, aber es gelingt dir im Moment einfach nicht, diese Gedanken loszuwerden. In solchen Fällen gibt es eine Technik, die besonders für stark belastende Gedanken geeignet ist, die einfach nicht verschwinden wollen. Besonders schwerwiegende Gedanken, die sich auf Probleme und Belastungen in unserem Leben beziehen, an denen wir im Moment nichts ändern können, können uns weiterhin beschäftigen. Vielleicht haben wir bereits nach Lösungen gesucht oder sogar eine gefunden und setzen sie korrekt um – und trotzdem lässt uns der Gedanke einfach nicht los. Was also tun? Ist man zum Scheitern verurteilt, sollte man gleich aufgeben und resignieren, einfach akzeptieren, dass man diesen Gedanken nie mehr loswerden wird?

Nein, das ist nicht nötig, denn dafür gibt es die Gedankenschublade. Diese bietet die Möglichkeit, unsere Gedanken an einem Ort abzulegen, um nicht ständig daran erinnert zu werden. Auf den ersten Blick mag diese Technik etwas eigenartig erscheinen, aber sie kann sehr hilfreich sein, besonders für Gedanken, die uns langfristig beschäftigen und dir wir einfach nicht loswerden. Ich empfehle dir, so einen Gedanken aufzuschreiben und dabei die Dinge festzuhalten, die dich besonders belasten. Warum möchtest du diesen Gedanken eigentlich loswerden? Stelle dir diese Frage, nachdem du den Gedanken aufgeschrieben und die Ängste benannt hast, die damit verbunden sind.

Anschließend nimmst du diesen Gedanken und legst ihn gedanklich in einer Schublade ab. Natürlich kannst du dies nicht nur in der Vorstellung, sondern auch in der Realität tun, indem du das Blatt Papier in einer deiner Schubladen ablegst. Damit diese Technik funktioniert, reicht es aber auch vollkommen, es nur in Gedanken zu tun. Ziel ist, diesen Gedanken für eine bestimmte Zeit in der Schublade zu verstauen, vielleicht für zwei Wochen; empfohlen wird aber ein längeres Zeitintervall von einem Monat oder sogar einem Quartal. Nach dieser Zeit kannst du den Gedanken wieder hervorkramen und ihn dir anschauen.

Du siehst dann, ob dieser Gedanke dich nach dieser Zeit immer noch beschäftigt oder ob er bereits etwas verblasst ist. Oft ändern sich Belastungen im Laufe der Zeit. Es kann sein, dass dich nach drei Monaten etwas anderes belastet, der alte Gedanke dafür aber nicht mehr so präsent ist wie zuvor. Im Idealfall legst du einen belastenden Gedanken in die Gedankenschublade und vergisst ihn nach dem vorgegebenen Zeitintervall. Das bedeutet, du kannst dich gar nicht mehr daran erinnern, dass du diesen Gedanken dort abgelegt hast, denn er beschäftigt dich nicht mehr. Die Gedankenschublade ist somit eine optimale Lösung, um zu zeigen, dass Gedanken vorbeigehen. Wenn uns ein Gedanke belastet, ist er für uns sehr präsent und stark ausgeprägt, aber diese Belastung ist oft nur von kurzer Dauer. Wir vergessen den Gedanken wieder, und nach einer gewissen Zeit kann es sein, dass uns ein neues Problem beschäftigt, über das wir uns Gedanken machen. Die Gedankenschublade soll dir also veranschaulichen, dass Probleme, Belastungen und die damit verbundenen Gedanken nicht von dauerhafter Natur sind. Sie sind nicht in Stein gemeißelt und können schon nach wenigen Wochen verblassen.

Ich möchte dir gerne eine persönliche Geschichte darüber erzählen, wie ich die Methode der Gedankenschublade selbst ausprobiert habe. Ich teste jede der vorgestellten Techniken im Kontext von Vortrags- und Workshop-Vorbereitungen persönlich, bevor ich sie den Teilnehmern präsentiere und dafür werbe. So habe ich damals auch die Gedankenschublade ausprobiert. Ich habe ein Problem, das mich damals belastete, auf ein Blatt Papier geschrieben und in die (Gedanken-)Schublade gelegt. Dann trug ich mir in meinem Kalender ein, dass ich in drei Monaten wieder nachschauen würde. Danach würde ich erneut reflektieren, inwiefern mich dieser Gedanke noch belastet.

Nach ein paar Wochen, auf alle Fälle jedoch vor dem Zeitpunkt, den ich mir im Kalender vorgemerkt hatte, durchsuchte ich die Schublade, da ich eigentlich auf der Suche nach einer Festplatte war. Dabei stieß ich auf das Blatt Papier und erkannte es sofort wieder. Ich las mir durch, was mich damals so stark belastet hatte. Interessanterweise hatte der Gedanke zu diesem Zeitpunkt nicht mehr die gleiche Intensität. Auch wenn ich das Problem nicht vollständig gelöst oder überwunden hatte, lastete es nicht mehr so schwer auf mir. Offensichtlich hatte ich das Thema in der Zwischenzeit bereits ein wenig verarbeitet, und es stand nicht mehr so dominant im Vordergrund wie zu der Zeit, als ich diesen Gedanken aufgeschrieben hatte.

Natürlich wird es immer Gedanken in unserem Leben geben, die uns länger beschäftigen als andere. Daher ist die Gedankenschublade kein Patentrezept, das für alle Gedanken gleichermaßen funktioniert, indem man sich sagt: »Aha, ich muss nur so und so lange warten, und dann verschwindet mein Problem.« Es kann durchaus vorkommen, dass wir einen Gedanken über mehrere Monate hinweg mit uns tragen. Doch selbst bei solch langanhaltenden Gedanken ist es wichtig zu erkennen, dass auch sie uns letztendlich nicht ewig beschäftigen.

Es gibt keine einzige Belastung oder Problematik, die uns unser ganzes Leben lang in derselben Intensität oder auf dieselbe Art und Weise beschäftigen wird. Es liegt in der Natur der Dinge, dass wir im Laufe der Zeit neue Perspektiven gewinnen, uns weiterentwickeln und lernen, mit den Herausforderungen des Lebens umzugehen.

Grübelunterbrecher

Du hast soeben deine belastenden Gedanken in der Gedankenschublade verstaut, und jetzt kommt der Grübelunterbrecher ins Spiel. Denn nun ist es besonders wichtig, dich vom Grübeln über diesen Gedanken wegzubringen. Es ist wichtig zu betonen, dass diese Ablenkung nicht als Flucht vor dem Problem betrachtet werden sollte, sondern als ein temporärer Weg, um die Gedankenspirale zu unterbrechen. Indem du dich bewusst auf positive und erfüllende Aktivitäten einlässt, schaffst du Raum für einen mentalen Reset und förderst eine positive Geisteshaltung.

Um den Grübelunterbrecher anzuwenden, gibt es zwei Optionen. Die erste besteht darin, das zu tun, was du besonders gerne machst – dich also deinem Hobby zu widmen oder etwas anderes zu tun, was dir Freude bereitet. Ich möchte an dieser Stelle nicht weiter ins Detail gehen, sondern nur daran erinnern, dass wir häufiger das tun sollten, was uns Freude bereitet. Es geht darum, diese Aktivitäten bewusst in unseren Alltag und unsere Freizeit zu integrieren, denn damit schaffen wir Raum für positive Gedanken und beeinflussen somit nachhaltig unsere mentale Verfassung.

Was ich hier nun aber genauer ausführen möchte, sind Grübelunterbrecher, die sich als äußerst wirksam erweisen, jedoch nicht immer als erste Option in Betracht gezogen werden. Denn oft fehlt uns der Antrieb dazu. Die Grübelunterbrecher, von denen ich gleich berichten werde, erfordern, dass wir uns aufraffen und etwas tun, was außerhalb unserer Komfortzone liegt.

Das mag anfangs nicht sonderlich verlockend erscheinen, aber sobald wir uns darauf einlassen, können viele positive Gefühle aufkommen. Plötzlich betrachten wir unsere aktuelle Situation aus einer völlig neuen Perspektive.

Welche Grübelunterbrecher sind hier gemeint? Es geht vor allem um Tätigkeiten, die nach einem langen Arbeitstag für viele von uns nicht unbedingt einladend wirken, wie beispielsweise sportliche Aktivitäten. Sicherlich gibt es Menschen, denen das bereits zur Gewohnheit geworden ist. Doch es gibt auch genügend Menschen, die sich erst dazu aufraffen müssen, das Haus oder die Wohnung zu verlassen, um ein paar Schritte in die Natur oder in den Wald zu machen. Nach einem anstrengenden Arbeitstag sehnen wir uns möglicherweise eher danach, einfach in Ruhe zu Hause zu entspannen und uns zurückzuziehen.

Trotzdem lohnt es sich, diese Herausforderung anzunehmen, denn sobald wir den Entschluss fassen, aktiv zu werden, geht es uns sofort besser. Ganz maßgeblich beeinflusst dieses positive Gefühl auch unsere Gedanken und ermöglicht es uns, den negativen Gedankenfluss zu unterbrechen. Obwohl wir zu Beginn nur widerwillig nach draußen gehen, kehren wir mit einem befriedigenden und angenehmen Gefühl nach Hause zurück.

Denn wir haben dabei den Kopf freibekommen und die negativen Gedanken hinter uns gelassen. Der Feierabend danach ist umso erfreulicher.

Studien zeigen, dass alle Aktivitäten in der freien Natur besonders gut für unser Herz-Kreislauf-System sind. Sie reduzieren Stress und Cortisol, und es werden dabei zahlreiche

Glücksbotenstoffe ausgeschüttet. Was kann man jedoch tun, wenn wir nicht nach draußen gehen können oder wollen? Wenn beispielsweise das Wetter zu schlecht ist, um ins Freie zu gehen, kann auch körperliche Aktivität drinnen helfen. Der Besuch eines Fitnessstudios oder ein Home-Work-out im eigenen Wohnzimmer kann dazu beitragen, dass wir uns sofort besser fühlen und automatisch neue Gedanken entstehen. Das ist der Vorteil dieser Methode: Statt aktiv mit unseren Gedanken zu arbeiten, schleichen sich durch die körperliche Betätigung auf passive Weise sehr positive Gedanken ein.

Körperliche Aktivitäten sind also äußerst effektive Grübelunterbrecher. Der Vorteil besteht darin, dass man nicht nur für kurze Zeit Ruhe von seinen negativen Gedanken hat; es kann auch sein, dass die negativen Gedanken überhaupt erst am nächsten Tag wiederauftauchen.

In Bezug auf den Grübelunterbrecher gibt es jedoch einen Faktor, den man beachten sollte. Es gibt Menschen, die in schlechten Zeiten ständig solche Unterbrecher anwenden, und das kann problematisch sein. Etwas Zeit zum Nachdenken sollte man sich nämlich schon lassen. Denn tut man dies nicht, wird unser Körper uns irgendwann dazu zwingen, über bestimmte Dinge nachzudenken, indem er uns die entsprechenden Warnhinweise schickt. Verwende Grübelunterbrecher daher stets nur in Maßen und versuche nicht, dich ständig von deinen Problemen abzulenken.

Dankbarkeitsmeditation

Um negative Gedanken zu reduzieren, bietet sich eine weitere Methode an: Dankbarkeit zu empfinden und alle positiven Aspekte wertzuschätzen. In der Psychologie zeigt sich häufig, dass es leichter ist, etwas Positives zu erschaffen, als Negatives vollständig zu eliminieren.[53]

Wenn du also beabsichtigst, deine negativen Gedanken zu reduzieren, solltest du positive Gedanken hervorholen und sie aus verschiedenen Blickwinkeln betrachten. Indem du dich auf das Positive konzentrierst und es bewusst in dein Leben integrierst, geraten die negativen Gedanken automatisch in den Hintergrund. Eine wirksame Möglichkeit, dies zu tun, ist die Dankbarkeitsmeditation.[54] Diese Meditation erfordert keine bestimmte Herangehensweise und ist auch für diejenigen geeignet, die nicht unbedingt gerne meditieren. Bei der Dankbarkeitsmeditation geht es darum, sich Zeit zu nehmen und bewusst darüber nachzudenken, wofür man im Leben dankbar ist. Dadurch werden einem häufig positive Aspekte bewusst, die zuvor nicht im Fokus standen.

Wie bereits erwähnt, bleibt Negatives leichter im Gedächtnis haften als Positives. Es ist daher besonders wichtig, sich bewusst Zeit für positive Gedanken zu nehmen und sie regelmäßig in den Vordergrund zu rücken.

In mein Seminar »Wegweiser zum Ruhepol« integriere ich regelmäßig eine Dankbarkeitsmeditation, die von vielen Teilnehmern als äußerst wertvoll empfunden wird. Für diese Meditation musst du dir bewusst Zeit nehmen, mindestens fünf Minuten. Alles, was du dafür benötigst, ist ein leeres Blatt Papier. Während der Meditation reflektierst du darüber, wofür du im Leben dankbar bist. Du solltest deine Aufmerksamkeit gezielt auf das Thema Dankbarkeit lenken.

Wenn du jetzt einen Moment Zeit hast, empfehle ich dir, die Dankbarkeitsmeditation gleich auszuprobieren. Nimm dir fünf Minuten Zeit und schreibe alles auf, wofür du dankbar bist, ohne Unterbrechung oder Bewertung. Notiere auch, was in deinem Leben gut funktioniert, sei es beruflich oder persönlich, und halte glückliche Momente fest. Versuche beim Schreiben, das Gefühl der Dankbarkeit zu vertiefen, und spüre die Freude und Fülle, die diese Gedanken und Erinnerungen in dir auslösen.

Als Denkanstoß habe ich einige Fragen für dich zusammengefasst, die dir bei der Dankbarkeitsmeditation behilflich sein können. Diese Fragen sind lediglich Anregungen, und du musst nicht jede einzelne beantworten. Sie sollen dir jedoch helfen, Ideen dafür zu bekommen, wofür du im Leben dankbar sein kannst.

1. Wofür bist du heute besonders dankbar?
2. Welche kleinen Freuden und Momente haben deinen Tag besonders bereichert?
3. In welchen Beziehungen fühlst du dich besonders geliebt und unterstützt?
4. Welche Menschen in deinem Leben inspirieren und bereichern dich und wofür bist du ihnen dankbar?
5. Welche persönlichen Errungenschaften machen dich stolz und dankbar?
6. Welche Herausforderungen hast du überwunden, die dich stärker gemacht haben?
7. Welche positiven Veränderungen in deinem Leben machen dich glücklich?
8. Welche Fähigkeiten und Talente sind Geschenke, für die du dankbar bist?
9. Welche schönen Erlebnisse aus der Vergangenheit erfüllen dich mit Dankbarkeit?
10. Für welche Möglichkeiten in der Zukunft bist du dankbar?

Ziele und Visionen

»Der Ziellose erleidet sein Schicksal – der Zielbewusste gestaltet es.«
Immanuel Kant

Zu guter Letzt möchte ich nun erläutern, warum Ziele und Visionen dazu beitragen können, dass wir aus dem Gedankenkarussell aussteigen und uns von negativen Gedanken lösen können. Wenn du klare Ziele oder eine Vision für die Zukunft hast, lenkt das deine Aufmerksamkeit weg von negativen Gedanken und hin zu positiven Aspekten. Die Vorstellung von Zielen und Visionen kann eine positive mentale Ausrichtung fördern.[55] Aus diesem Grund betrachte ich »Ziele und Visionen« als äußerst wirksames Instrument, um aus einem Strudel negativer Gedanken herauszufinden. Ein weiterer Vorteil besteht darin, dass Ziele und Visionen auf vielfältige Weise gestaltet werden können.

Es gibt Menschen, die setzen sich berufliche Ziele und Meilensteine, während andere Personen Ziele und Visionen privater Natur pflegen. Beide Ansätze sind gleichermaßen geeignet, um sich von den negativen Gedanken zu distanzieren.

Als Beispiele für berufliche Ziele kann die Aussicht auf eine Beförderung oder die Erlangung einer neuen Position im Unternehmen genannt werden. Manchmal kann auch eine Umstrukturierung der beruflichen Tätigkeiten ein Ziel sein. Berufliche Ziele sind jedoch nicht die einzige Möglichkeit, um negative Gedanken loszuwerden. Es gibt viele private und freizeitliche Aspekte, die genutzt werden können, um positive Gedanken zu fördern. Ein einfaches Beispiel, unter dem sich jeder etwas vorstellen kann, sind Reisen oder auch Urlaube.

Wenn man gerade in negativen Gedanken feststeckt, könnte man darüber nachdenken, welche schönen Länder man noch bereisen möchte. Das Planen eines Urlaubes oder einer Reise kann unglaublich zufrieden machen. Oft sind die Vorfreude und das Planen sogar genauso schön, wenn nicht sogar schöner als die eigentliche Reise. Urlaub oder Reisen sind nur eine Möglichkeit, Wünsche oder Ziele darzustellen. Es gibt auch größere Ziele, bei denen es nicht nur um die nächste Reise geht, sondern um Lebensziele, die möglicherweise nicht einfach zu erreichen sind. Dennoch ist es wichtig, diese Ziele nicht aus den Augen zu verlieren. Schmiede Pläne und stelle dir vor, wie es wäre, diese Ziele bereits erreicht zu haben. Überlege dir, welche Art von Mensch du sein möchtest. Wie sollte sich diese Person verhalten oder aussehen? Welche Fähigkeiten sollte sie besitzen oder über welches Wissen sollte sie verfügen? Gibt es etwas Neues, das du gerne erlernen möchtest? Eine Fertigkeit, die du verbessern oder dir überhaupt erst aneignen möchtest? Vielleicht eine neue Sprache, die du erlernen möchtest? Und so weiter. Es gibt viele Fragen, die man sich selbst stellen kann. Die Vorstellung, wie schön das Erreichen dieses Ziels sein könnte, löst ein Gefühl von Erfüllung aus. Ziele, Wünsche und Visionen helfen dabei, negative Gedanken abzubauen. Es geht auch darum, eine neue Perspektive zu gewinnen. Wenn wir mit unserer aktuellen Sichtweise unzufrieden sind und uns perspektivlos fühlen, wird es besonders wichtig, neue Ziele zu entwickeln und anzustreben. Viele erleben eine positive Veränderung, sobald sie aus ihrer Perspektivlosigkeit ausgebrochen sind.

Arnold Schwarzenegger formuliert es sehr treffend. Er sagt:

»Wer kein klares Ziel im Leben hat, ist wie der Kapitän eines Schiffes, das nur herumtreibt, ohne jemals irgendwo anzukommen.«

Das lässt sich auch auf Gedanken ausweiten, denn ohne ein klares Ziel treiben auch die Gedanken orientierungslos dahin. Wir haben sie nicht unter Kontrolle, sie schwirren planlos umher. Doch sobald man ein klares Ziel hat, gehen auch die Gedanken in die richtige Richtung.

Die Beschäftigung mit Zielen und Visionen verleiht vielen Menschen neue Lebenskraft und verändert ihre Denkweise gravierend. Wie sieht es bei dir aus? Wenn du mit vielen negativen Gedanken konfrontiert bist, an welche konkreten Ziele und Visionen könntest du denken? Gibt es etwas, das du unbedingt erreichen möchtest, worauf du dich freuen würdest? Ein Wunsch, dessen Erfüllung dich glücklich machen würde? Wenn ja, beschäftige dich intensiv mit diesem Wunsch. Überlege dir, wie er in Erfüllung gehen könnte. Wenn du dich bewusst mit diesem Wunsch auseinandersetzt, bleibt keine Zeit mehr für negative Gedanken. Du lenkst deine Energie gezielt auf Positives in deinem Leben und fokussierst dich auf das, was du noch erreichen möchtest.

Und das Schönste daran ist, dass die Zukunft noch nicht feststeht. Sie liegt in deiner Hand. Auch wenn wir in vielen Bereichen unseres Lebens nicht alles kontrollieren können und oft äußeren Einflüssen ausgesetzt sind, gibt es doch viele Dinge, die wir bewusst angehen und selbst entscheiden können.

KÜNDIGUNG ALS LETZTER AUSWEG

»Kündigung als letzter Ausweg« habe ich das letzte Kapitel genannt. Denn in manchen Situationen hat man leider keine andere Wahl, als das Unternehmen zu verlassen. Über diese Gründe möchte ich nun berichten. Es wäre wohl wenig seriös zu behaupten: »Egal, was ist, kündige auf keinen Fall.«

Zur Sicherheit stelle ich zu Beginn dieses letzten Kapitels die Frage, ob es für dich wirklich das letzte Kapitel ist oder ob du nach dem ersten Blick ins Inhaltsverzeichnis direkt hierher gesprungen bist. Falls du dich jetzt ertappt fühlst, bist du vielleicht neugierig darauf, wann es Zeit ist zu kündigen, oder du suchst nach einer schnellen Antwort – das kann ich gut verstehen. Dennoch empfehle ich dir, das Buch aufmerksam zu lesen. Denn es gibt zahlreiche Möglichkeiten, sich von Belastungen in der Arbeit zu befreien, ohne den Job hinzuschmeißen.

Solltest du nun tatsächlich am Ende dieses Buches angekommen sein, hast du bereits gesehen, welche unterschiedlichen Wege es gibt, um sich im Job zu entlasten. Ich empfehle dir nun zu überlegen, welche der Empfehlungen aus diesem Buch du tatsächlich in die Praxis umsetzen möchtest. Abhängig von den Belastungen, von denen du betroffen bist, hast du in den verschiedenen Kapiteln Lösungsmöglichkeiten gefunden. Gehe nun noch einmal gedanklich durch, welche drei Tools für dich am wichtigsten waren. Was hat dir in diesem Buch am besten gefallen und was möchtest du dir merken? Was wird dir helfen, um dir die Arbeit zu erleichtern? Reflexion spielt dabei eine entscheidende Rolle. Überlege dir auch, was du im besten Fall erreichen möchtest, und identifiziere die Werkzeuge, die dich deinem Ziel näherbringen werden. Nimm dir Zeit, um aufzuschreiben, welche Veränderungen du im Job vornehmen möchtest, um deine Situation zu verbessern. Wenn du beispielsweise Schwierigkeiten mit deinem Vorgesetzten hast und Einfluss auf ihn nehmen möchtest, formuliere konkret, welche Schritte du unternehmen kannst, damit dir das gelingt. Wenn dir alles zu viel ist, weil der Workload einfach überwältigend ist, empfehle ich dir, etwas aus den Kapiteln »Flucht nach vorne« oder »Toolbox Zeitmanagement« umzusetzen. Falls du dir vorgenommen hast, dich in der Arbeit weniger zu ärgern, setze etwas aus dem Kapitel »Schwierige Menschen am Arbeitsplatz« oder »Führung von unten« um.

Da du nun weißt, was du ändern möchtest und vor allem wie dir dies gelingen wird, ist es wichtig, auch den zeitlichen Aspekt mitzuberücksichtigen. Gib dir Zeit und beobachte aufmerksam, ob sich deine Situation zum Besseren wendet. Ich möchte bewusst keine konkrete Zeitspanne nennen, innerhalb derer sich deine Arbeitssituation definitiv verbessern wird. Die Tools und Selbstfürsorgemaßnahmen in diesem Buch können unterschiedlich viel Zeit in Anspruch nehmen, bis sie zum Erfolg führen. Überlege dir persönlich, was in deinem Fall realistisch ist. Wichtig ist nur, dass du diese Zeitspanne nicht zu knapp bemisst. Natürlich gibt es Veränderungen, die relativ schnell spürbar sind. In diesem Fall kannst schon bald erste Erfolge feiern. Aber es gibt auch solche, bei denen der Erfolg nicht über Nacht sichtbar wird. In diesem Fall halte ich alles, was unter einem Monat liegt, für zu kurz; ein Quartal kommt mir da schon wesentlich realistischer vor. Du kannst auch in Jahreszeiten denken, das kann man sich eventuell besser vorstellen und auch mit den eigenen Emotionen verbinden. Denke immer eine Jahreszeit weiter: Wenn es jetzt Herbst ist, gib dir mindestens Zeit, bis der Winter vorbei ist, und wenn es gerade Frühling ist, wenn du dieses Buch liest, warte bis nach deinem Sommerurlaub und prüfe erst dann, ob eine Änderung eingetreten ist.

Wenn du auf dich selbst achtest und die Selbstfürsorgemaßnahmen aus dem Buch umsetzt, stehen die Chancen sehr gut, dass du dich besser fühlen wirst und sich die Stresssymptome, die zu Beginn des Kapitels »Analyse deiner Situation« beschrieben wurden, reduzieren werden. Denn ein allgemeines Credo in der Arbeitspsychologie lautet:

Wer selbst aktiv etwas unternimmt – ganz gleich was –, gewinnt die Selbstkontrolle rasch zurück. Sobald wir das Gefühl haben, dass wir selbst Einfluss nehmen, fühlen wir uns auch wohler und weniger gestresst. In diesem Fall haben wir es geschafft, unsere Ressourcen selbst zu aktivieren und aus ihnen zu schöpfen.

Mit einem größeren Ressourcenpool sind wir auch besser in der Lage, Belastungen zu bewältigen. Wenn wir unsere Ressourcen als höher wahrnehmen als unsere Belastungen, fühlen wir uns ausgeglichener und sind im Job glücklicher. Das wäre der Optimalfall.

Was passiert jedoch, wenn es dir auch nach einer angemessenen Zeitspanne nicht gelingt, dich in deinem beruflichen Umfeld wieder wohler zu fühlen? Vielleicht sind bereits ein oder sogar zwei Jahreszeiten vergangen, und trotzdem haben sich weder deine Stresssymptome verringert, noch hast du das Gefühl, die Belastungen losgeworden zu sein. Erst in einem solchen Fall würde ich in Betracht ziehen, über eine Kündigung nachzudenken. Denn möglicherweise gibt es in deinem beruflichen Umfeld externe Rahmenbedingungen, die dich negativ beeinflussen – quasi ein toxisches Umfeld. Im Folgenden möchte ich dies genauer erläutern und auch Kriterien aufzeigen, bei denen es tatsächlich sinnvoll ist, zum letzten Ausweg Kündigung zu greifen.

Gewalt und sexuelle Übergriffe am Arbeitsplatz

In einigen wenigen Fällen, die im Folgenden näher erläutert werden, bleibt einem keine andere Wahl, als zu kündigen. In solchen Situationen wird sogar dringend geraten, dies unverzüglich zu tun. Denn in diesen Fällen ist es sinnlos, im Unternehmen zu verbleiben. Im Gegenteil, es könnte sogar mehr Schaden anrichten, besonders wenn unmittelbare Gefahr droht. Dazu gehören ohne jeden Zweifel Gewalt und sexuelle Übergriffe. Die Betonung des Schutzes vor Gewalt am Arbeitsplatz ist nicht ohne Grund ein zentrales Anliegen des Arbeitsinspektorates.[56] Das Arbeitsinspektorat ist die Behörde, die den Arbeitsschutz in den Unternehmen kontrolliert, vergleichbar mit der Verkehrspolizei, die den Straßenverkehr überwacht. Eine ihrer Aufgaben ist es, Gewaltvorfällen nachzugehen. In den letzten Jahren haben vermehrte Meldungen über Übergriffe dieses Thema verstärkt in den Vordergrund gerückt und zu zahlreichen neuen gesetzlichen Vorgaben für Unternehmen geführt. Auch du kannst dich jederzeit anonym mit dem Arbeitsinspektorat in Verbindung setzen, sei es, dass du selbst betroffen bist, sei es, dass dir ein Vorfall im Unternehmen bekannt ist.

In Österreich und Deutschland sind 7 % der Arbeitnehmer von Gewalt oder der Bedrohung durch Gewalt betroffen. Diese Angaben basieren auf einer Untersuchung der *Statistik Austria* aus dem Jahr 2020[57] sowie auf einer europäischen Erhebung zu den Arbeitsbedingungen im Jahr 2021.[58]

Dabei ist anzumerken, dass Gewalt nicht nur physische Übergriffe umfasst, sondern auch psychische Gewalt.[59] Ich habe in letzter Zeit häufig beobachtet, dass der psychische Aspekt von Gewalt oft nicht als solcher erkannt wird, deshalb möchte ich das hier kurz erklären. Psychische Gewalt äußert sich in Beschimpfungen, Bedrohungen, Abwertungen sowie Formen von Stalking, Mobbing und Vernachlässigung. Sexuelle Gewalt umfasst Aspekte wie sexuelle Belästigung und sexuellen Missbrauch, beispielsweise unerwünschtes Berühren und sexuelle Übergriffe. Wenn du Opfer sexueller Misshandlung oder Gewalt wirst, solltest du dich sofort an deinen Vorgesetzten oder an andere Schlüsselpersonen in deinem Unternehmen wenden.

Es mag vielleicht bestimmte Berufe und Tätigkeitsbereiche geben, die für Gewaltvorfälle besonders bekannt sind. Doch grundsätzlich kann Gewalt überall auftreten, selbst wenn du nicht in einem solchen Berufsfeld tätig bist. Es ist wichtig, dein Unternehmen darüber zu informieren, damit dein Arbeitgeber handeln und angemessene Maßnahmen ergreifen kann.

Sollte dein Unternehmen oder dein Vorgesetzter untätig bleiben oder den Vorfall verharmlosen, empfehle ich dir, dir Unterstützung von öffentlichen Gewaltschutzorganisationen zu holen. Falls du bereits auf Missstände hingewiesen hast und keine adäquate Reaktion erfolgt, bleibt möglicherweise keine andere Wahl, als das Unternehmen zu verlassen. Vor allem wenn dein Vorgesetzter selbst diese Probleme verursacht oder sogar gewalttätig ist und du keine Möglichkeit siehst, mit jemandem darüber zu sprechen, solltest du nicht zögern zu kündigen.

Toxische Führungskräfte

Ein weiterer Grund, das Unternehmen zu verlassen, sind toxische Führungskräfte. Dabei handelt es sich um Vorgesetzte, die ein krankhaftes Verhalten an den Tag legen. Häufig werden solche Führungskräfte auch als Psychopathen bezeichnet. Psychopathie stellt entgegen der weitverbreiteten Annahme in der Diagnostik kein eigenständiges Krankheitsbild dar; vielmehr handelt es sich um ein Spektrum von Persönlichkeitsmerkmalen, die anderen erheblichen Schaden zufügen können.[60] Diese Menschen weisen oft auch eine antisoziale oder narzisstische Persönlichkeitsstörung auf, obwohl dies nicht zwangsläufig der Fall sein muss. Als was man diese toxischen Führungskräfte letztlich bezeichnet, ist nicht entscheidend. Wichtiger ist zu verstehen, wie sich ihr Verhalten äußert, und dies zu erkennen. In den meisten Fällen fällt auf, dass sie einen deutlichen Mangel an Empathie und Rücksichtnahme zeigen. Sie neigen dazu, keine Reue zu empfinden und haben oft überhaupt keine Schuldgefühle, selbst wenn sie andere verletzt haben. Auch wenn sie über Leichen gehen, haben sie keine Probleme, ruhig zu schlafen. Sie scheinen entweder gar kein Gewissen zu haben, oder es ist nur in sehr geringem Maße ausgeprägt. Ihr Verhalten ist durch wiederholte Verstöße gegen die Rechte anderer, Impulsivität sowie auch Reizbarkeit und Unverantwortlichkeit gekennzeichnet. Sie neigen dazu, soziale Normen zu missachten, und fügen anderen Menschen auf diese Weise erheblichen Schaden zu. All das sind klassische Verhaltensweisen von toxischen Führungskräften. Aber Vorsicht, nicht jeder unangenehme Vorgesetzte, der ein schwieriges Verhalten an den Tag legt, ist zwangsläufig eine toxische Führungskraft mit pathologischem Verhalten! Darauf möchte ich vorsichtshalber hinweisen, denn die Anzahl an Führungskräften mit pathologischem Verhalten wird von Arbeitnehmern oft überschätzt. Ich habe viele Mitarbeiter über ihre Vorgesetzten sprechen hören, die behaupteten, ihr eigener Vorgesetzter sei toxisch. Träfe das wirklich auf alle vermuteten Fälle zu, wäre der Prozentsatz um ein Vielfaches höher. Studien zeigen jedoch, wie selten ein Vorgesetzter tatsächlich als pathologisch eingestuft werden kann.

Der Anteil von Psychopathen bei Führungskräften wird auf rund 3,5 % geschätzt und dürfte auf der mittleren Führungsebene bei 2 bis 3 % liegen, während er im Bevölkerungsdurchschnitt lediglich 1 % ausmacht.[61] Psychopathen sind zum Glück also äußerst selten, dennoch trifft man sie häufig in Führungspositionen an, da sie oft machthungrige und sehr durchsetzungsstarke Persönlichkeiten sind. Man findet unter den Führungskräften auch vermehrt Menschen mit einer narzisstischen Persönlichkeitsstörung.[62] Diese Persönlichkeitstypen neigen ebenfalls dazu, Führungspositionen einzunehmen, und können bei ihren Mitarbeitern erheblichen Schaden anrichten.

Unabhängig von der spezifischen Persönlichkeitsstörung lässt sich sagen, dass etwa drei von 100 Führungskräften tatsächlich pathologisches Verhalten zeigen. Man muss daher viel Pech haben, um an eine solche Führungskraft zu geraten. Wenn dies bei dir der Fall ist und du nach umfassender Recherche wirklich überzeugt bist, dass dein Vorgesetzter zweifelsfrei in diese Kategorie fällt, dann empfehle ich dir, das Unternehmen zu verlassen. Und ich sage dir auch ausdrücklich, warum: Solche Vorgesetzte werden sich durch deine Bemühungen nicht ändern. In diesem Fall sind sämtliche Werkzeuge, die ich dir im Kapitel »Führung von unten« empfohlen habe, leider gänzlich wirkungslos. Toxische Führungskräfte kümmert es überhaupt nicht, was du tust; deine Anstrengungen, von unten zu führen oder andere Ansätze zu verfolgen, sind vergebene Liebesmüh. Diese Vorgesetzten werden dir weiterhin schaden, egal, was du tust.

Da sie keine Krankheitseinsicht haben, werden sich toxische Führungskräfte nie ändern, nicht einmal, wenn alle

Mitarbeiter das Unternehmen wegen ihnen verlassen. Stattdessen werden sie einfach nach neuen Mitarbeitern Ausschau halten, die noch nicht wissen, an wen sie da geraten.

Mobbing

Die Entscheidung zu kündigen, sollten alle anderen Optionen erschöpft sein, ist auch dann klug, wenn du in deinem Unternehmen Opfer von Mobbing wirst. Mobbing ist eine Form von psychischer Gewalt und daher in jedem Betrieb sowie für Arbeitgeber meldepflichtig.[63] Was Mobbing eigentlich bedeutet, lässt sich mithilfe von Suchmaschinen sehr gut recherchieren, und dennoch merke ich, dass Mobbing in der Praxis häufig missverstanden wird.

Denn Mobbing wird sehr häufig mit einem Konflikt am Arbeitsplatz verwechselt. Ein Konflikt am Arbeitsplatz ist eine Auseinandersetzung oder eine Spannungssituation, die zwischen Menschen am Arbeitsplatz entsteht.

So ein Konflikt kann grausam sein, ohne Frage, aber es gehören immer zumindest zwei dazu. Im Falle eines Konfliktes kann man niemals sagen, dass der eine schuldig ist und der andere völlig unschuldig; meistens bekämpfen sich die beiden und handeln auf eine Weise, dass sich der Konflikt immer weiter zuspitzt.

Im Laufe meiner Tätigkeit wurde ich oft in Unternehmen gerufen, weil eine Konfliktpartei behauptete, sie sei gemobbt worden. Nach den ersten Clearing-Gesprächen stellte sich jedoch heraus, dass das vermeintliche Mobbing-Opfer genauso aktiv am Mobbing beteiligt war wie der vermeintliche Mobber. Es handelte sich hier also um einen wechselseitigen Konflikt, einen regelrechten Schlagabtausch, bei dem keiner der beiden zurücksteckte. Man könnte es auch anders formulieren: Beide waren sowohl Täter als auch Opfer des Mobbings.

Tatsächlich ist Mobbing jedoch etwas völlig anderes – es handelt sich dabei um ein systematisches, wiederholtes, bewusst geplantes und länger anhaltendes schädigendes Verhalten, das ganz gezielt gegen eine bestimmte Person gerichtet ist. Wie bereits im Kapitel »Schwierige Personen am Arbeitsplatz« erläutert, gibt es viele Personen, die ihr Unwesen am Arbeitsplatz treiben. Dies geschieht jedoch nicht, weil sie anderen Schaden absichtlich zufügen wollen, sondern eher aus Unwissenheit oder Unfähigkeit. Es handelt sich hier also nicht um Mobbing.

Ein simples Beispiel verdeutlicht, was Mobbing sein könnte: Stelle dir vor, du möchtest eine Kaffeepause machen und fragst deine Kollegen, ob sie sich dir anschließen wollen. Die anderen lehnen ab, aber kaum bist du wieder am Platz, stehen plötzlich alle auf und erklären, dass sie nun eine Pause machen wollen. Das wäre ein klassisches Beispiel von Mobbing, allerdings nur dann, wenn es sich wiederholt ereignen würde. Bedenke immer, dass einmal oder zweimal als Zufall betrachtet werden kann. Erst wenn sich solche Vorfälle häufen, solltest du darüber nachdenken, denn in diesem Fall könnte es sich um Mobbing handeln. Ein einzelnes Ereignis kann immer Zufall sein. Ich erinnere mich an einen Vorfall, bei dem eine Mitarbeiterin berichtete, dass sie von einer Person gemobbt wurde, weil diese sie im Flur nicht grüßte. Später stellte sich heraus, dass die betreffende Person mit ihren Gedanken ganz woanders war und die Mitarbeiterin nicht bewusst wahrgenommen hatte. Dieses Verhalten war nicht absichtlich. Du kannst sicher sein, dass es sich um Mobbing handelt, wenn du mindestens zehn solcher Vorfälle dokumentiert hast. Ein einzelnes Ereignis kann immer durch Zufall erklärt werden, aber wiederholte Vorfälle deuten tatsächlich auf klassisches Mobbing hin.

Wenn du Opfer von Mobbing wirst, stellt sich die Frage, wie du damit umgehen sollst. Es gibt öffentliche Beratungsstellen, die dir dabei helfen können, mit diesem Problem umzugehen. Diese solltest du auf alle Fälle aufsuchen, bevor du handelst.

Es ist überaus wichtig, den Vorfall nicht zu ignorieren, sondern unbedingt darüber zu reden, um festzustellen, ob es sich tatsächlich um einen Mobbingfall handelt. Ich möchte jedoch ausdrücklich davon abraten, jemanden vorschnell als Mobber zu bezeichnen, da dies die Situation verschlechtern könnte. Falls sich herausstellen sollte, dass du tatsächlich gemobbt wirst, empfehle ich, den mutmaßlichen Mobber zuerst in einem Gespräch unter vier Augen darauf anzusprechen, bevor du damit zu deinem Vorgesetzten gehst. Oft fühlen sich Mobber sofort entlarvt und beenden ihr Mobbingverhalten, wenn sie darauf angesprochen werden. Erst wenn das Mobbing weiterhin anhält, solltest du den Vorfall im Unternehmen, in der Personalabteilung oder bei deinem Vorgesetzten melden.

Gib deinem Unternehmen Zeit, um auf die Situation zu reagieren. Falls trotzdem keine Besserung eintritt und der Mobber weiterhin aktiv ist, solltest du in Betracht ziehen zu kündigen. Denn ich habe in manchen Fällen beobachtet, dass Unternehmen nicht ihrer Verantwortung nachkommen und Mobber weiterhin beschäftigt haben. Wenn dein Unternehmen ähnlich handelt, ist es ratsam, die Konsequenz zu ziehen und zu kündigen, da Mobbingverhalten erhebliche psychische Schäden anrichten kann.

Kündigen oder nicht?

Du hast nun wichtige Überlegungen darüber gelesen, wann eine Kündigung als letzter Ausweg sinnvoll sein kann. Es gibt wahrscheinlich noch zahlreiche weitere Gründe, die dir in den Sinn kommen könnten, um diesen Schritt zu tun. Unabhängig davon kannst du natürlich jederzeit kündigen, wenn du dies möchtest und für dich beschlossen hast.

Wenn Kündigen dein letzter Ausweg ist und du eine neue Stelle suchst, könnte es sich lohnen, sich gründlich umzuhören, bevor du nach etwas Neuem suchst. Manchmal hat man Kontakte zu einem Unternehmen, das gerade Stellen ausschreibt. Es könnte sich lohnen, dort einmal nachzufragen. Im Internet gibt es auch Jobplattformen zu Arbeitgeberbewertungen, auf denen du dich über Unternehmen informieren kannst. Beachte jedoch, dass diese auch manipuliert sein können. Ich habe selbst einmal an einer Besprechung in einem Unternehmen teilgenommen, das seine Mitarbeiter dazu ermutigte, für das Unternehmen positive Bewertungen auf Jobplattformen zu verfassen. Es wurde außerdem überlegt, wie man die negativen Bewertungen abstellen könnte. Ich denke, das ist kein Einzelfall. Allerdings ist bestimmt nicht alles gefälscht, was man auf solchen Plattformen liest.

Doch ganz gleich, ob du dich entschließt, zu kündigen oder nicht, die Instrumente aus diesem Buch werden dir mit Sicherheit von Nutzen sein. Denn du kannst sie in jeder beruflichen Umgebung einsetzen. Denn selbst wenn du kündigst, wird es auch im neuen Unternehmen früher oder später bestimmt wieder Situationen geben, die Herausforderungen und Belastungen mit sich bringen, und dann kannst du auf diese Werkzeuge zurückgreifen.

Egal, wo du arbeitest – achte in jedem Fall gut auf dich. Denn wie du weißt, wird niemand so fürsorglich zu dir sein können wie du selbst.

Du stehst dir selbst am nächsten, und wahrscheinlich gilt das auch für deinen Chef und deine Kollegen. Du merkst schon, worauf ich hinausmöchte: Wenn du nicht selbst für dich sorgst, wird es niemand tun.

In diesem Sinne – alles Gute!
Herzlichst, deine Arbeitspsychologin Anna Warga-Hosseini

DANKESWORTE

Mit großer Dankbarkeit schließe ich mein Buch ab und möchte meinen aufrichtigen Dank aussprechen. Er gilt all meinen treuen Kunden, Klienten und Seminarteilnehmern, die ich in den vergangenen Jahren kennenlernen durfte und die ihr Vertrauen in meine Arbeit gesetzt haben.

Ein großer Dank gebührt meiner Familie, insbesondere meinem Mann, der mich von Anfang an bei der Umsetzung dieses Buchprojektes unterstützt hat. Wie sehr er mein Leben bereichert, lässt sich kaum in Worte fassen. Doch um beim Thema zu bleiben: Seit Jahren ist er eine unerschöpfliche Quelle der Inspiration, und wir teilen die Leidenschaft, wirtschaftspsychologische Themen freiwillig und mit Freude nicht nur beruflich, sondern auch in unserer Freizeit zu diskutieren. Dieses gemeinsame Interesse verbindet uns, und wir unterstützen uns gegenseitig in unseren beruflichen Angelegenheiten.

Auch meinen Eltern möchte ich von Herzen danken, denn unbewusst haben sie bereits in meiner Kindheit einen maßgeblichen Einfluss auf meine Entwicklung als Autorin ausgeübt. Mein Vater hat eine besondere Vorliebe für anspruchsvolle Belletristik und ermutigte mich von klein auf dazu, Bücher zu lesen. Bis heute spielen Bücher eine große Rolle in seinem Leben, und es bleibt für ihn etwas Besonderes, ein Buch zu schreiben. Meine Mutter, eine leidenschaftliche Leserin von Ratgebern, hat zu Hause Tonnen von Büchern, die deutlich zeigen, welche Themen sie interessieren. Sie war es, die mir vermittelt hat, dass in herausfordernden Zeiten ein gutes Buch oft die Lösung des Problems sein kann.

Obwohl sich meine Eltern in ihren Lesevorlieben stark voneinander unterscheiden, verbindet sie die Tatsache, dass sie beide Tausende von Büchern verschlungen und mir somit die Liebe zu Büchern förmlich in die Wiege gelegt haben.

Ein besonderer Dank gebührt meinem Halbbruder Georg, der die Idee für das Buchcover hatte. Ursprünglich bloß eine Idee, hat es bei allen sofort Begeisterung ausgelöst. In puncto Begeisterung möchte ich auch meinen Bruder Michael erwähnen, der sich besonders mit mir freute, als ich ihm von dem Projekt erzählte. Was ihn auszeichnet, ist das hohe Engagement, das er für seine Arbeit aufbringt und das ich als Arbeitspsychologin sehr interessant finde.

Auch möchte ich noch meinem Stiefvater, meinen Schwiegereltern und selbstverständlich meinen Freundinnen von Herzen für ihre Unterstützung danken. Jede Einzelne namentlich zu erwähnen, würde den Rahmen sprengen, aber jede von euch weiß genau, wer gemeint ist. Ihr habt einen festen Platz in meinem Herzen. Vielen Dank für eure bedingungslose Unterstützung und dafür, dass ihr mir immer zur Seite steht.

Danke an dich, liebe Leserin, lieber Leser, dass du dieses Buch gelesen hast und ich dich auf deiner Reise begleiten durfte. Ich wünsche dir für deine Zukunft alles Gute!

Endnoten

1 IAB – Institut für Arbeitsmarkt- und Berufsforschung (2. März 2024). IAB-Stellenerhebung. Abgerufen am 2. März 2024 von: https://iab.de/das-iab/befragungen/iab-stellenerhebung/

2 Erwerbspersonenvorausberechnung (2. März 2024). Statistisches Bundesamt. https://www.destatis.de/DE/Themen/Arbeit/Arbeitsmarkt/Erwerbstaetigkeit/Erwerbspersonenvorausberechnung-2020.html

3 Statistik Austria (2. März 2024). Offene Stellen. Statistik Austria. https://www.statistik.at/statistiken/arbeitsmarkt/arbeitskraeftenachfrage/offene-stellen

4 Der Arbeitsmarkt der Zukunft (2. März 2024). wko.at. https://www.wko.at/oe/news/der-arbeitsmarkt-der-zukunft

5 Mehr Mangelberufe trotz höherer Arbeitslosigkeit (2. März 2024). Der Standard. https://www.derstandard.at/story/3000000207412/mehr-mangelberufe-trotz-hoeherer-arbeitslosigkeit

6 Bundesweite Mangelberufe (2. März 2024). https://www.migration.gv.at/de/formen-der-zuwanderung/dauerhafte-zuwanderung/bundesweite-mangelberufe/

7 Mahand, T. & Caldwell, C. (2023). Quiet Quitting – Causes and Opportunities. Business and Management Researches, 12 (1), 9–18.

8 Scheibenbogen, O., Andorfer, U., Kuderer, M. & Musalek, M. (2017). Prävalenz des Burnout-Syndroms in Österreich. Abschlussbericht des Bundesministeriums für Arbeit, Soziales und Konsumentenschutz (BMASK).

9 DGB – Deutscher Gewerkschaftsbund (2. März 2024). Jahresbericht 2023. DGB-Index Gute Arbeit. https://index-gute-arbeit.dgb.de/++co++5d56994c-6390-11ee-b880-001a4a160123

10 People at Work 2023: A Global Workforce View – ADP Deutschland (2. März 2024). https://de.adp.com/ressourcen/insights/people-at-work-a-global-workforce-view.aspx

11 Jeder Vierte steuert auf Burnout zu (22. Februar 2017). Der Standard. Abgerufen am 2. März 2024 von: https://www.derstandard.at/story/2000053012477/jeder-vierte-steuert-auf-burnout-zu

12 Arbeitsklima-Index: Immer mehr wollen Job wechseln (o. D.). Arbeiterkammer Oberösterreich. Abgerufen am 2. März 2024 von: https://ooe.arbeiterkammer.at/beratung/arbeitundgesundheit/arbeitsklima/arbeitsklima_index/Arbeitsklima_Index-_Immer_mehr_wollen_Job_wechseln.html

13 Linsinger, E. (19. Juli 2023). AMS-Chef Johannes Kopf: »Es bräuchte Willkommenskultur«. Abgerufen am 2. März 2024 von: https://www.profil.at/. https://www.profil.at/oesterreich/ams-chef-johannes-kopf-es-braeuchte-willkommenskultur/402525811

14 Lewis, K., Stronge, W., Kellam, J. & Kikuchi, L. (2023). Results in: The UK's Four-Day Week Pilot.

15 Vladut, C. I. & Kallay, E. (2010). Work Stress, Personal Life, and Burnout. Causes, Consequences, Possible Remedies: A Theoretical Review. Cognition, Brain, Behavior, 14 (3), 261.

16 Melchior, M., Caspi, A., Milne, B. J., Danese, A., Poulton, R. & Moffitt, T. E. (2007). Work Stress Precipitates Depression and Anxiety in Young, Working Women and Men. Psychological Medicine, 37 (8), 1119–1129.

17 Greist, J. H., Marks, I. M., Berlin, F., Gournay, K. & Noshirvani, H. (1980). Avoidance Versus Confrontation of Fear. Behavior Therapy, 11 (1), 1–14.

18 Bocksch, R. (30. März 2023). 43 % der Deutschen haben Schlafprobleme. Statista Daily Data. Abgerufen am 2. März 2024 von: https://de.statista.com/infografik/29586/befragte-die-unter-schlafstoerungen-leiden/

19 Schlaflos in der Pandemie (15. Februar 2022). KKH. Abgerufen am 2. März 2024 von: https://www.kkh.de/presse/pressemeldungen/schlaflos

20 Salari, N., Khazaie, H., Hosseinian-Far, A., Khaledi-Paveh, B., Ghasemi, H., Mohammadi, M. & Shohaimi, S. (2020). The Effect of Acceptance and Commitment Therapy on Insomnia and Sleep Quality: A Systematic Review. BMC Neurology, 20, 1–18.

21 Leistungsreserve (o. D.). Pschyrembel online. Abgerufen am 2. März 2024 von: https://www.pschyrembel.de/Leistungsreserve/S0306/doc/

22 Salari, N., Khazaie, H., Hosseinian-Far, A., Khaledi-Paveh, B., Ghasemi, H., Mohammadi, M. & Shohaimi, S. (2020). The Effect of Acceptance and Commitment Therapy on Insomnia and Sleep Quality: A Systematic Review. BMC Neurology, 20, 1–18.

23 Ioannou, M., Wartenberg, C., Greenbrook, J. T., Larson, T., Magnusson, K., Schmitz, L. & Steingrimsson, S. (2021). Sleep Deprivation as Treatment for Depression: Systematic Review and Meta-Analysis. Acta Psychiatrica Scandinavica, 143 (1), 22–35.

24 Meadows, G. (2016). Schlaf gut! Das Geheimnis erholsamer Nachtruhe. Rowohlt.

25 Kurihara, M., Saito, N. & Ohira, H. (2024). Melatonin Modulates Emotion Regulation in Social Cecision-Making. Psychoneuroendocrinology, 160, DOI: 106880.

26 Was tun bei Panikattacken? (o. D.) Abgerufen am 2. März 2024 von: https://www.malteser.de/aware/hilfreich/was-tun-bei-panikattacken.html

27 Burnout – eine Erkrankung? (o. D.) Burnout-Fachberatung, D-86633 Neuburg an der Donau. Abgerufen am 2. März 2024 von: https://www.burnout-fachberatung.de/burnout-syndrom/burnout-erkrankung.htm

28 Ausgebrannt (2. Dezember 2020). DAZ.online. Abgerufen am 2. März 2024 von: https://www.deutsche-apotheker-zeitung.de/daz-az/2020/daz-49-2020/ausgebrannt

29 Prävalenz von Burn-out in Deutschland nach Geschlecht, Alter und sozialem Status 2012 (3. Jänner 2024). Statista. Abgerufen am 14. April 2024 von: https://de.statista.com/statistik/daten/studie/233475/umfrage/praevalenz-von-burn-out-nach-geschlecht-alter-und-sozialem-status/

30 Wildt, B. T. & Schiele, T. (2021). Burn On: Immer kurz vorm Burn Out. Das unerkannte Leiden und was dagegen hilft. Verdeckte Depressionen erkennen, behandeln und loswerden. Psychologie-Ratgeber zur Selbstheilung. Droemer eBook.

31 Tipps Psychotherapeutensuche: Die Kosten der Therapie (o. D.). therapie.de. Abgerufen am 2. März 2024 von: https://www.therapie.de/psyche/info/fragen/tipps-erfolgreiche-therapeutensuche/wer-bezahlt-die-therapie/

32 ÖGK-Vertragspartner für Psychotherapie (3. November 2012). Österreichische Gesundheitskasse. Abgerufen am 2. März 2024 von: https://www.gesundheitskasse.at/cdscontent/?content id=10007.879220

33 Alderman, L. (17. Juli 2023). You've Heard of ‚Quiet Quitting'. Now Try ‚Quiet Thriving'. Washington Post. https://www.washingtonpost.com/wellness/2022/12/14/youve-heard-quiet-quitting-now-try-quiet-thriving/

34 Randstad (28. März 2023). Randstad Workmonitor 2023: So ticken Österreichs Arbeitnehmer:innen. Abgerufen am 2. März 2024 von: https://www.randstad.at/hr-portal/arbeitsmarkttrends/randstad-workmonitor-2023-30-prozent-der-arbeitnehmerinnen-waeren/

35 Clear, J. (2020). Die 1%-Methode. Minimale Veränderung, maximale Wirkung: Mit kleinen Gewohnheiten jedes Ziel erreichen. Goldmann.

36 Covey, S. R. (1997). The Seven Habits of Highly Effective People: Restoring the Character Ethic. Macmillan Reference USA.

37 Hölzl, E. (2022). »Reziprozität« in: Dorsch – Lexikon der Psychologie. https://dorsch.hogrefe.com/stichwort/reziprozitaet

38 Cialdini, R. B. (2017). Die Psychologie des Überzeugens: Wie Sie sich selbst und Ihren Mitmenschen auf die Schliche kommen. Hogrefe.

39 Sonnentag, S. & Frese, M. (2003). Stress in Organizations. Handbook of Psychology, 12, 453–491.

40 Brinkman, R. & Kirschner, R. (2022). Wie man mit Menschen klarkommt, die man nicht ausstehen kann. Hilfreiche Strategien für die Kommunikation im Arbeitsleben und im Alltag. MVG – Münchner Verlagsgruppe.

41 Mai, J. (16. Oktober 2023). Streisand-Effekt: Definition, Bedeutung und Beispiel. karrierebibel.de. Abgerufen am 2. März 2024 von: https://karrierebibel.de/streisand-effekt/

42 Methoden im Ziel- und Zeitmanagement: Pareto-Prinzip, ABC-Analyse (Eisenhower) und die ALPEN-Methode (2016). Grin.

43 Seiwert, L. (2012). 30 Minuten Zeitmanagement. Gabal.

44 Cirillo, F. (2018). The Pomodoro Technique: The Acclaimed Time-Management System That Has Transformed How We Work. Currency.

45 Zao-Sanders, M. (2024). Timeboxing: The Power of Doing One Thing at a Time. Random House.

46 Tracy, B. (2017). Eat That Frog! Action Workbook: 21 Great Ways to Stop Procrastination and Get More Done in Less Time. Berrett-Koehler Publishers.

47 Eat a Live Frog First Thing in the Morning: Quotation by Mark Twain Journal. Golding Notebooks 2019.

48 McKeown, G. (2021). Effortless – Wie man sich mühelos auf das Wichtigste konzentriert. Redline Wirtschaft.

49 Totty, M. S., Warren, N., Huddleston, I., Ramanathan, K. R., Ressler, R. L., Oleksiak, C. R. & Maren, S. (2021). Behavioral and Brain Mechanisms Mediating Conditioned Flight Behavior in Rats. Scientific Reports, 11 (1), DOI: 8215.

50 Ebd.

51 Byron, K. & Mitchell, S. (2008). Loving What Is: Four Questions That Can Change Your Life. Random House.

52 Ito, T. A., Larsen, J. T., Smith, N. K. & Cacioppo, J. T. (1998). Negative Information Weighs More Heavily on the Brain: The Negativity Bias in Evaluative Categorizations. Journal of Personality and Social Psychology, 75 (4), 887–900.

53 Hufeland, Ch. W. (1860). Makrobiotik oder die Kunst, das menschliche Leben zu verlängern. De Gruyter.

54 Willberg, H. (2017). Dankbarkeit: Grundprinzip der Menschlichkeit – Kraftquelle für ein gesundes Leben. Springer.

55 Morel, E. (2021). Die 7 Säulen der Resilienz: Wie Sie mit den Powermethoden eiserne Resilienz trainieren, absolut stressresistent werden und eiserne Widerstandskraft aufbauen (inkl. vieler Übungen, Workbook und Test). Book-World (Hörbuch).

56 Gewalt am Arbeitsplatz (o. D.). Arbeitsinspektion. https://www.arbeitsinspektion.gv.at/Gesundheit_im_Betrieb/psychische_Belastungen/Gewalt_am_Arbeitsplatz.html

57 Statistik Austria (2022). Publikationen. https://www.statistik.at/services/tools/services/publikationen/detail/1228

58 Belästigung am Arbeitsplatz (2021). Statistisches Bundesamt. https://www.destatis.de/DE/Themen/Arbeit/Arbeitsmarkt/Qualitaet-Arbeit/Dimension-7/belaestigung-arbeitsplatzl.html

59 Gewalt am Arbeitsplatz (o. D.). Arbeitsinspektion. https://www.arbeitsinspektion.gv.at/Gesundheit_im_Betrieb/psychische_Belastungen/Gewalt_am_Arbeitsplatz.html

60 Hare, R. D. & Neumann, C. S. (2008). Psychopathy as a Clinical and Empirical Construct. Annual Review Clinical Psychology 4, 217–246.

61 Kuhn, T. & Weibler, J. (2020). Bad Leadership. Von Narzissten & Egomanen, Vermessenen & Verführten. Warum uns schlechte Führung oftmals gut erscheint und es guter Führung häufig schlecht ergeht. Vahlen.

62 Grijalva, E., Harms, P. D., Newman, D. A., Gaddis, B. & Fraley, R. C. (2014). Narcissism and Leadership: A Meta-Analytic Review of Linear and Nonlinear Relationships. Personnel Psychology, 68 (1), 1–47. https://doi.org/10.1111/peps.12072

63 Mobbing (2. März 2024). Arbeiterkammer. https://www.arbeiterkammer.at/mobbing